Berichte aus dem
Institut für Umformtechnik
der Universität Stuttgart
Herausgeber: Prof. Dr.-Ing. K. Lange

78

Roland Paukert

Rechnerische Ermittlung von Zustandsgrößen beim Radialumformen

Mit 57 Abbildungen und 1 Tabelle

Springer-Verlag
Berlin Heidelberg New York Tokyo 1984

Dipl.-Ing. Roland Paukert
Institut für Umformtechnik
Universität Stuttgart

Dr.-Ing. Kurt Lange
o. Professor an der Universität Stuttgart
Institut für Umformtechnik

D 93

ISBN-13: 978-3-540-13287-5   e-ISBN-13: 978-3-642-82248-3
DOI: 10.1007/978-3-642-82248-3

Gesamtherstellung: Copydruck GmbH, Offsetdruckerei, Industriestraße 1-3, 7258 Heimsheim, Telefon 0 70 33/38 25-26
2362/3020—543210

GELEITWORT DES HERAUSGEBERS

Die Umformtechnik zeichnet sich durch sehr gute Werkstoffaus-
wertung und hohe Mengenleistung in der Serienfertigung gegenüber anderen Fertigungsverfahren aus, wobei Beibehaltung der
Masse, Änderung der Festigkeitseigenschaften während eines Vorgangs und elastische Rückfederung der Werkstücke nach einem
Vorgang wesentliche Merkmale sind. Weiter sind die benötigten
Kräfte, Arbeiten und Leistungen sehr viel größer als z.B. bei
spanenden Verfahren. Die sichere Beherrschung eines Verfahrens
in der industriellen Fertigung und die zunehmende Forderung
nach Vermeidung bzw. Minimierung spanender Nacharbeit erzwingen
die geschlossene Betrachtung des Systems "Umformende Fertigung"
unter zentraler Berücksichtigung plastizitätstheoretischer,
werkstoffkundlicher und tribologischer Grundlagen.

Das Institut für Umformtechnik der Universität Stuttgart stellt
entsprechend Forschung und Entwicklung zum einen auf die Erar-
beitung von Grundlagenwissen in diesen Bereichen ab, zum anderen
untersucht und entwickelt es Verfahren unter Anwendung speziel-
ler Meßtechniken mit dem Ziel einer genauen quantitativen Ermittlung des Einflusses der Parameter von Vorgang, Werkstoff,
Werkzeug und Maschine. Die Behandlung von Problemen des Maschi-
nenverhaltens, der Maschinenkonstruktion sowie der Werkzeugaus-
legung und -beanspruchung, der Auswahl hochbeanspruchbarer,
verschleißfester Werkzeugbaustoffe und schließlich der Tribo-
logie gehört entsprechend ebenfalls zum Arbeitsgebiet, das
durch die Erfassung organisatorischer und betriebswirtschaft-
licher Fragen abgerundet wird.

Im Rahmen der "Berichte aus dem Institut für Umformtechnik" er-
scheinen in zwangloser Folge jährlich mehrere Bände, in denen
über einzelne Themen ausführlich berichtet wird. Dabei handelt
es sich vornehmlich um Abschlußberichte von Forschungsvorhaben,
Dissertationen, aber gelegentlich auch um andere Texte. Diese
Berichte sollen den in der Praxis stehenden Ingenieuren und
Wissenschaftlern zur Weiterbildung dienen und eine Hilfe bei
der Lösung umformtechnischer Aufgaben sein. Für die Studieren-

den bieten sie die Möglichkeit zur Vertiefung der Kenntnisse.
Die seit zwei Jahrzehnten bewährte freundschaftliche Zusammen-
arbeit mit dem Springer-Verlag sehe ich als beste Voraussetzung
für das Gelingen dieses Vorhabens an.

                              Kurt Lange

V o r w o r t

Die vorliegende Arbeit entstand während meiner Tätigkeit
als wissenschaftlicher Mitarbeiter am Institut für Umformtechnik der Universität Stuttgart.

Herrn Professor Dr.-Ing. K. Lange danke ich für sein Ver-
trauen und seine wohlwollende Unterstützung bei der Durchführung dieser Arbeit.

Herrn Professor Dr.-Ing. E. Steck danke ich für die einge-
hende Durchsicht dieser Arbeit.

Mein Dank gilt ferner allen Mitarbeiterinnen und Mitarbei-
tern des Instituts für Umformtechnik, die durch ihre tätige
Hilfe meine Arbeit unterstützt haben.

Die Mittel zur Durchführung dieser Arbeit wurden von der
Deutschen Forschungsgemeinschaft zur Verfügung gestellt.

Stuttgart, Dezember 1983

                              Roland Paukert

<u>Verzeichnis der wichtigsten Abkürzungen</u>

<u>Verwendete Größen, Formelzeichen und Einheiten</u>

A	mm²	Fläche
b		Werkzeugbreite
C	N/mm²	Fließspannung bei $\varphi = 1$
F	kN	Kraft
H	mm	Werkstückhöhe zwischen den Werkzeugen
HV		Vickershärte
k_f	N/mm²	Fließspannung
l	mm	Werkzeuglänge
n		Verfestigungsexponent
p	N/mm²	Druck
R	mm	Werkzeugradius
s_b		Bißverhältnis
V		Formänderungsgeschwindigkeitstensor
v	mm/s	Geschwindigkeit
Δh	mm	Eindringtiefe
ε_h	mm	relative Eindringtiefe
ε_{ij}		Komponenten des Formänderungstensors
$\dot{\varepsilon}_{ij}$		Komponenten des Formänderungsgeschwindigkeitstensors
μ		Reibzahl
σ_{ij}	N/mm²	Komponenten des Spannungstensors
φ_h		logarithmische Eindringtiefe, Teilumformgrad

<u>Indizes</u>

ges	Gesamt...
m	mittlere
max	maximal
min	minimal
S	Scher...
w	wirksam
Wz	Werkzeug...

V   Vergleichs...
o   Anfangs...

<u>Abkürzungen</u>

FEM   <u>F</u>inite <u>E</u>lemente <u>M</u>ethode
PRORUM   <u>Pro</u>grammsystem <u>R</u>adial<u>um</u>formen

0   Einleitung

Die Marktforderungen nach größerer Variantenvielfalt im Pro-
duktionsprogramm von Unternehmen und rasche Veränderungen
der Nachfragestruktur verringern die Bedarfsmengen einzelner
Erzeugnisse.
Die Folge ist der Trend zur Klein- und Mittelserienfertigung
und die Notwendigkeit, Ablauf und Überwachung von Fertigungs-
vorgängen weiter zu automatisieren.

Die Entwicklung der Automatisierung der Klein- und Mittelserie
verläuft von der numerisch gesteuerten Werkzeugmaschine über
anpassungsfähige flexible Bearbeitungseinheiten bis hin zum
flexiblen Fertigungssystem [1]. Der Begriff "Flexibles Fertigungssystem" wurde 1966 von Dolezalek [2] eingeführt und defi-
niert. Zu verstehen ist hierunter eine Reihe von Fertigungs-
einrichtungen, die über ein gemeinsames Steuer- und Transport-
system so miteinander verknüpft sind, daß einerseits eine
automatische Fertigung stattfinden kann, andererseits innerhalb gewisser Grenzen unterschiedliche Bearbeitungsaufgaben
an unterschiedlichen Werkstücken durchgeführt werden können.

Bei der Einführung flexibler Fertigungssysteme standen die Umformverfahren im Gegensatz zu den spanenden Verfahren bis vor
wenigen Jahren abseits. Damit die Vorteile umformender Verfahren wie Werkstoff- und Energieersparnis, Werkstoffverfesti-
gung und kurze Bearbeitungszeiten auch in der Klein- und
Mittelserienfertigung genutzt werden können, wird die Integration von Umformverfahren in flexible Fertigungssysteme
forciert.

Grundsätzlich können alle ungebundenen Umformverfahren, wie
z. B. das Freiformen und alle teilweise gebundenen Umformverfahren, wie z. B. das Flachwalzen, in flexible Fertigungssysteme einbezogen werden [3]. Gebundene Umformverfahren, wie
z. B. das Gesenkschmieden, eignen sich nicht zur Integration
in flexible Fertigungssysteme, da für jede Werkstückform ein
eigenes Werkzeug zur Verfügung gestellt werden muß und somit
eine kurzfristige Anpassung solcher Verfahren an geänderte
Fertigungsaufgaben nicht gegeben ist.

Ausgehend vom Prinzip der radialen Krafteinleitung in längs-
achsenbetonte Werkstücke beim Rundkneten wurde am Institut für
Umformtechnik der Universität Stuttgart die Radialumformmaschine RUMX 2000 (Bild 1) konzipiert und als Pilotprojekt verwirklicht [4].

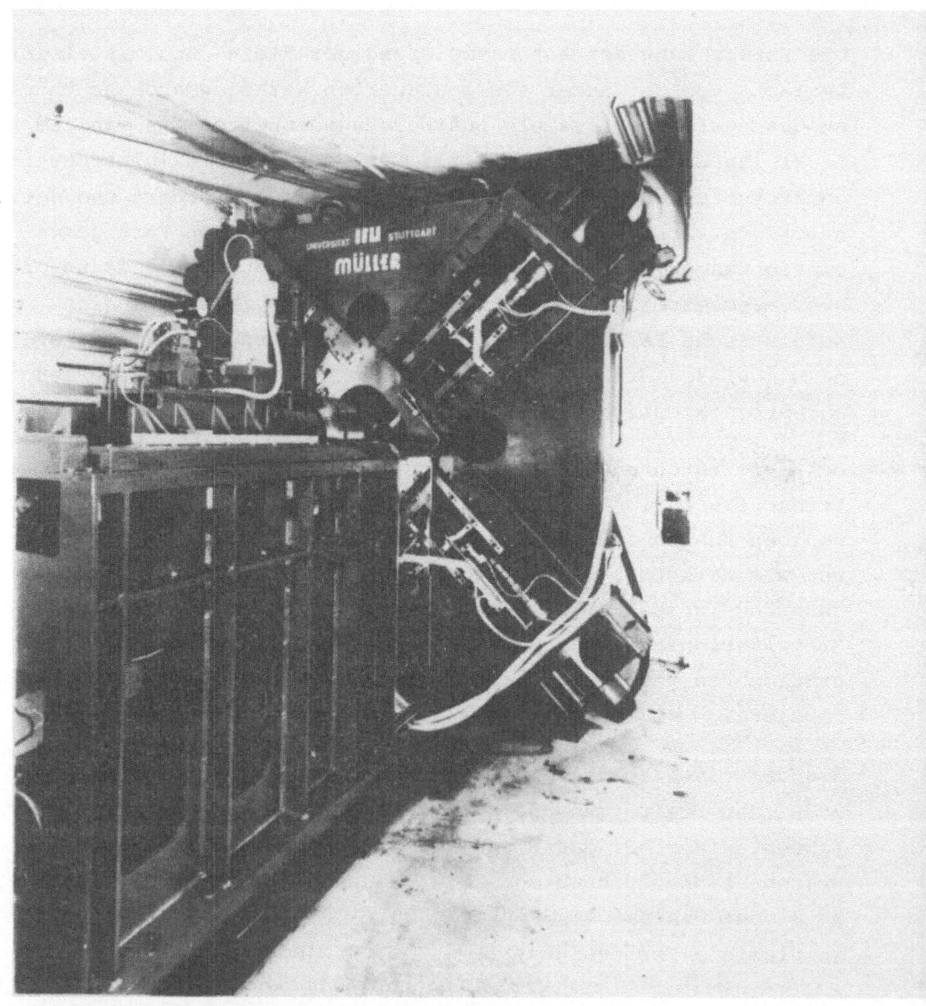

Bild 1: Radialumformmaschine RUMX 2000.

Die hohe Flexibilität des neuen Verfahrens "Radialumformen"
beruht darauf, daß die Form des Werkstücks durch eine rechnergesteuerte Relativbewegung zwischen Werkzeug und Werkstück
entsteht und zur Änderung der Werkstückgeometrie nur geänderte
Fertigungsdaten notwendig sind.

Kaiser [3] untersuchte die Möglichkeiten der Einbeziehung von umformenden Verfahren in flexible Fertigungssysteme. Es lassen sich drei Einsatzmöglichkeiten von Umformverfahren in flexiblen Fertigungssystemen unterscheiden:

1. Das Umformverfahren tritt im Rahmen eines sonst für spanende Fertigungsverfahren konzipierten Systems auf. Das Umformverfahren ist in diesem System durch keine eigenständige Umformmaschine, sondern durch entsprechende Werkzeugsätze im Werkzeugspeicher der Bearbeitungseinheit vertreten [1]. Als Beispiel hierfür können die Verfahren Gewindefurchen und Gewindewalzen angesehen werden [3].

2. Das Umformverfahren kommt innerhalb einer eigenständigen flexiblen Bearbeitungseinheit im flexiblen Fertigungssystem zur Anwendung. Es handelt sich hierbei um ein gemischt flexibles Fertigungssystem, bei dem das Umformen eines von mehreren angewendeten Bearbeitungsverfahren ist.

3. Das flexible Fertigungssystem besteht nur aus Umformmaschinen und kann in diesem Fall als rein flexibles Fertigungssystem bzw. als "flexibles Umformsystem" bezeichnet werden.

Die in [3] durchgeführte Analyse führt zu dem Ergebnis, daß unter Berücksichtigung wirtschaftlicher Gesichtspunkte hauptsächlich ungebundene Umformverfahren zur flexiblen Fertigung geeignet sind. Das zur Gruppe der Freiformverfahren gehörende Rundkneten [5] besitzt alle Merkmale eines in gemischt flexiblen Fertigungssystemen eigenständig einsetzbaren Umformverfahrens.

Nach [6] üben beim Rundkneten drei oder mehrere gegeneinander wirkende Knetbacken in schneller Folge auf den Umfang eines Werkstücks radialen Druck aus, indem sie zur Werkzeugachse hin gleichzeitige, wegbegrenzte Hübe ausführen. Damit durch Rundkneten Teile möglichst ohne spanabhebende Nacharbeit mit guter Maß- und Formgenauigkeit und hoher Oberflächengüte gefertigt werden können, werden die zur Bearbeitung notwendigen

Knetbacken in der Regel konkav ausgeführt [5]. Die durch die
radiale Krafteinleitung erzielte Verringerung der Außendurch-
messer führt bei massiven Werkstücken zu einer entsprechenden
Längung. Zwischen den Knetbacken bestehen im allgemeinen kleine Spalten. Aus diesem Grund muß die radiale Formänderung
beim einzelnen Hub auf geringe Teilumformungen beschränkt
bleiben, da sich bei größeren Teilumformungen in den Spalten
Grat bildet [6]. Erst die Vielzahl solcher Teilumformungen
bildet die Gesamtumformung eines Werkstücks. Die Kinematik
dieses Verfahrens besteht aus vier Bewegungen der Knetbacken
relativ zum Werkstück:

1. Arbeitshub der Werkzeuge,
2. Längsvorschub des Werkstücks
3. Drehvorschub des Werkstücks
4. Querzustellung der Werkzeuge

In Bild 2 sind diese Bewegungen entsprechend gekennzeichnet. Beim "Einstechverfahren" (Bild 2 b) entfällt Bewegung 2.

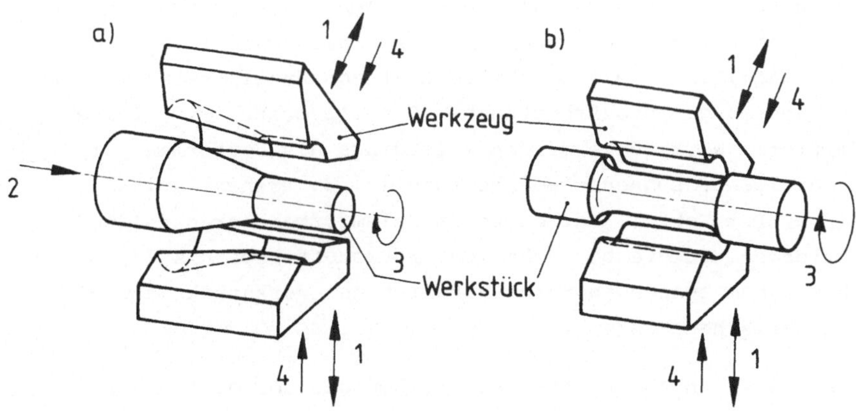

Bild 2: Prinzipielle Anwendungsfälle beim Rundkneten (Skiz-
zen nach [6], jeweils zwei von drei Werkzeugen dargestellt).

Damit dieses Verfahren zum flexiblen Einsatz kommt, müssen
grundsätzlich die oben angeführten Einzelbewegungen numerisch
steuerbar sein. Außerdem müssen die zur Steuerung notwendigen
Informationen im Rahmen eines Programmsystems zur rechnergestützten Arbeitsablauf- und Fertigungsdatenbestimmung ermittelt werden.

Unter Berücksichtigung eines wichtigen Merkmals der flexiblen
Fertigung, der automatischen Anpassung von Bearbeitungs-,
Handhabungs- und Steuersystem an die jeweilige Fertigungsaufgabe, können die bisher auf dem Markt vertretenen Umformanla-
gen nur als begrenzt in flexiblen Systemen einsetzbar angesehen werden [1].

Die genannten Anforderungen werden durch die am Institut für
Umformtechnik der Universität Stuttgart entwickelte und ge-
baute Radialumformmaschine RUMX 2000 erfüllt. Unter dem Ge-
sichtspunkt des anzustrebenden hohen Flexibilitätsgrades dieser Anlage werden die Werkstücke ohne Formbindung zwischen
Werkzeug und Werkstück gefertigt. Dazu werden vier rechtwink-
lig zueinander angeordnete Werkzeuge mit ebenen Wirkflächen
- entsprechend den Flachsätteln beim Freiformen - verwendet.
Das neue Verfahren Radialumformen kombiniert also die her-
kömmlichen Verfahren Rundkneten (radiale Krafteinleitung,
Kinematik) und Freiformschmieden (Flachsättel, relativ große
Formänderungen pro Arbeitshub). Die mit ebenen Wirkflächen ge-
fertigten Werkstücke müssen allerdings als Vorformen für eine
nachfolgende spanende Bearbeitung (z. B. Drehen) gelten.
Ein großer Vorteil der durch Radialumformen hergestellten
Vorformen ist die beträchtliche Werkstoffersparnis [7] gegenüber einem spanenden Herausarbeiten des Werkstücks aus einem
zylindrischen Rohteil.

Die folgenden Abschnitte beschreiben die derzeitige Ausbau-
stufe der Radialumformmaschine und den Stand der automatischen Arbeitsablauf- und Fertigungsdatenbestimmung zum Zeitpunkt des Beginns dieser Arbeit. Außerdem werden die Ergebnisse und Erkenntnisse aus den Verfahren Freiformschmieden und
Rundkneten hinsichtlich der Ermittlung von Zustandsgrößen

(Formänderungen, Spannungen ...) auf ihre Übertragbarkeit auf
den Radialumformvorgang untersucht und dargestellt.

1.1   Die flexible Bearbeitungseinheit Radialumformmaschine

Die Radialumformmaschine (Bild 3) gliedert sich in die Funk-
tionsgruppen:

- Zentraleinheit
- Manipulator
- Werkzeugwechselsystem
- Prozeßrechnersystem mit Minicomputer

Die Maschine arbeitet mit vier x-förmig angeordneten ölhydrau-
lisch angetriebenen Arbeitsstößeln mit einem max. Stößelhub
von 50 mm, einer Stößelgeschwindigkeit von 50 mm/s und einer
Nennkraft von 500 kN pro Stößel.
Die Hublagenverstellung (Verstellung des Stößelnullpunkts)
erfolgt jeweils mechanisch über eine Getriebe-Spindel-Kombi-
nation durch einen Gleichstromservoantrieb.
Der hydraulisch angetriebene Manipulator positioniert das
Werkstück im Arbeitsraum. Die Drehung der zur Werkstückauf-
nahme notwendigen Spannzangen erfolgt mechanisch über Schnek-
kenrad und Schnecke ebenfalls durch einen Gleichstrom-Servo-
antrieb.
Das Werkzeugwechselsystem ermöglicht den Einsatz von max. 6
Werkzeugsätzen während der Fertigung eines Werkstücks. Der
Greifer befördert die jeweils aus vier Werkzeugen bestehenden
Werkzeugsätze in den Arbeitsraum und positioniert sie in
hydraulischen Spannungssystemen, die zur Aufnahme der Werkzeuge dienen. Die Werkzeugwechselzeit beträgt etwa 20 s.

Die Steuerung von Werkstück- und Stößelpositionierung, Arbeitshub und peripheren Anlagen (z. B. Werkzeugwechsler) über-
nimmt ein Prozeßrechnersystem mit Minicomputer PDP 11/34,
Digital-Equipment [8].

In Bild 3 sind die Bewegungsmöglichkeiten und die wichtigsten
technischen Daten dargestellt.

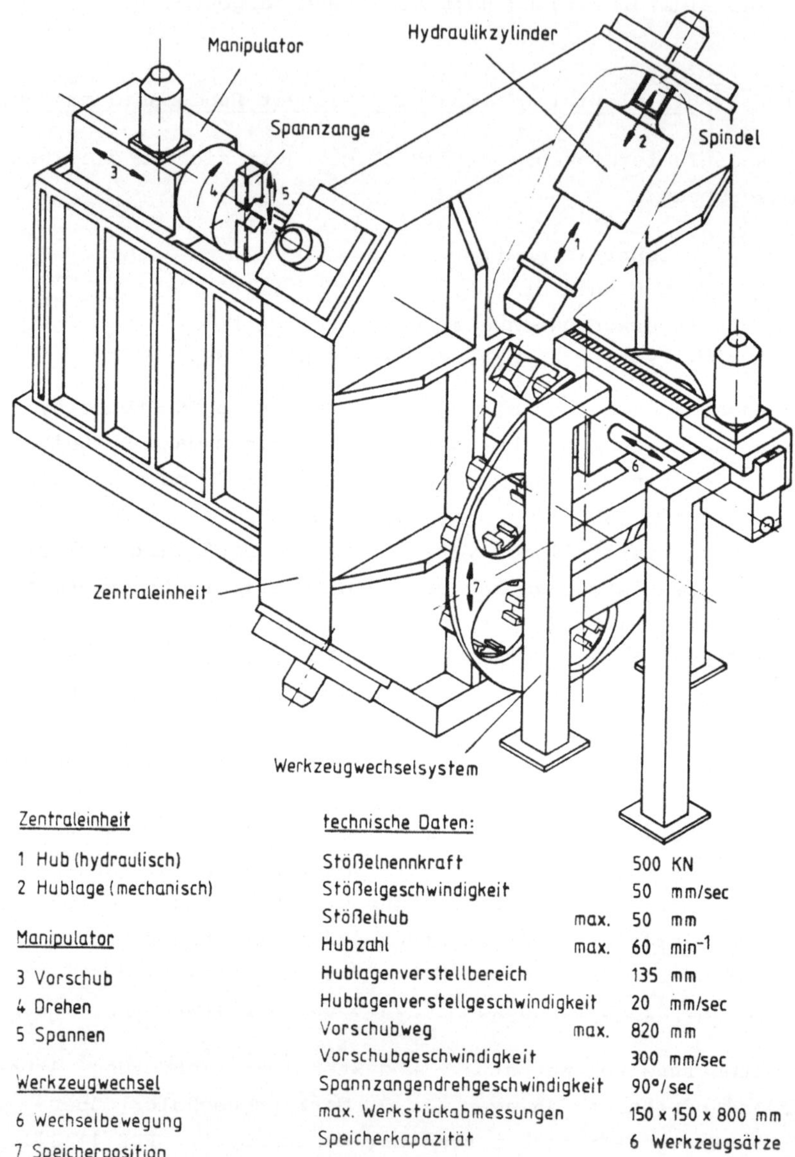

<u>Zentraleinheit</u>

1 Hub (hydraulisch)
2 Hublage (mechanisch)

<u>Manipulator</u>

3 Vorschub
4 Drehen
5 Spannen

<u>Werkzeugwechsel</u>

6 Wechselbewegung
7 Speicherposition

<u>technische Daten:</u>

Stößelnennkraft		500 KN
Stößelgeschwindigkeit		50 mm/sec
Stößelhub	max.	50 mm
Hubzahl	max.	60 min^{-1}
Hublagenverstellbereich		135 mm
Hublagenverstellgeschwindigkeit		20 mm/sec
Vorschubweg	max.	820 mm
Vorschubgeschwindigkeit		300 mm/sec
Spannzangendrehgeschwindigkeit		90°/sec
max. Werkstückabmessungen		150 x 150 x 800 mm
Speicherkapazität		6 Werkzeugsätze

Bild 3: Radialumformmaschine - Prinzipdarstellung und Bewegungsmöglichkeiten der Funktionselemente [7].

Zur Fertigung vorgesehen sind Werkstücke mit ausgeprägter
Längsachse wie Wellen, Achsen, Spindeln usw. Die Werkstücke
werden in Formelemente eingeteilt, die als nicht mehr unterteilbare Werkstückabschnitte mit gleichartigem Querschnitt betrachtet werden. Als herstellbare Formelemente kommen prisma-
tische Formen in Frage. Als Querschnitte können Quadrate, Acht-
ecke und Kreise, d. h. Sechzehnecke als Kreisersatzform auftreten. Durch Aneinanderreihen dieser Prismen entstehen sämtliche dem Teilespektrum entsprechenden Werkstücke. Der radiale
Fehler zwischen Kreis und Sechzehneck beträgt maximal 2 %,
wenn der Kreisdurchmesser als Schlüsselweite des Sechzehn-
ecks gewählt wird. Ein Kegelstumpf als Fertigteilelement wird
in eine Reihe abgestufter Ersatzformelemente, das sind Prismen
mit sechzehneckigem Querschnitt, umgewandelt. Nebenformelemente wie Fasen und Freistiche werden bei der Fertigung durch
Radialumformen nicht berücksichtigt. Bild 4 zeigt die Gegenüberstellung der Fertigteil- und Schmiedegeometrie beim Radialumformen.

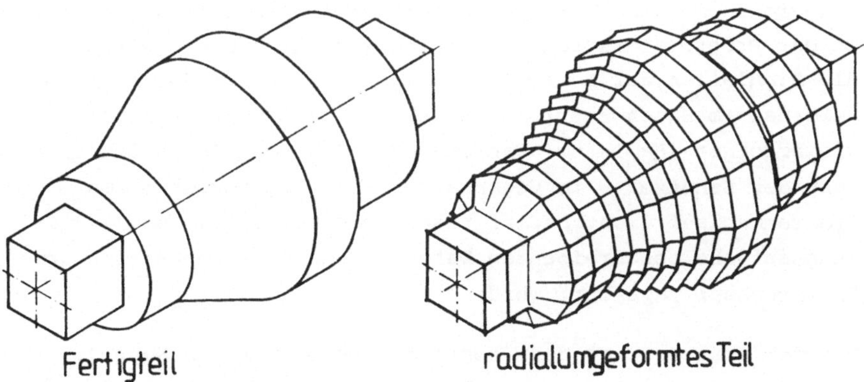

Bild 4: Schematische Darstellung der Fertigteil- und Schmiedegeometrie beim Radialumformen.

Die Betrachtung sämtlicher geometrischer Möglichkeiten ergaben, daß als zweckmäßige Querschnittszwischenform immer das

regelmäßige Achteck auftritt, aus dem alle möglichen Endformen hergestellt werden können [1].

1.2   Programmsystem PRORUM I zur rechnergestützten Arbeitsablaufbestimmung im Batch-Betrieb

Im Hinblick auf eine größtmöglichste Flexibilität der Radialumformmaschine wird neben der Anpassungsfähigkeit der Funktionselemente an geänderte Fertigungsaufgaben die rechnergestützte Ermittlung der für die Bearbeitung notwendigen Fertigungsdaten als unerläßlich betrachtet.

Während der Entwurfs-, Planungs- und Aufbauphase der Radialumformmaschine wurde im Rahmen einer Arbeit am Institut für Umformtechnik der Universität Stuttgart das Programmsystem Radialumformen (PRORUM) erstellt.
Das Programmsystem PRORUM (im folgenden als PRORUM I bezeichnet) kann als erster veröffentlichter Versuch angesehen werden, für ein ausgewähltes Umformverfahren die rechnergestützte Arbeitsablaufermittlung zu ermöglichen [1].

Die Programme wurden aufgrund gerätetechnischer Gegebenheiten in der Programmiersprache BASIC entwickelt und ermöglichten die Simulation der Bearbeitung eines Werkstücks durch Radialumformen im Batch-Betrieb (Stapelverarbeitung) auf einem Kleinrechner (Hewlett + Packard 9830 A). Beim Batch-Betrieb kann der Benutzer - im Gegensatz zum Dialogbetrieb - den Programmablauf nicht beeinflussen. Die Werkstück- und Fertigungsaufgabe beschreibenden Daten müssen über Lochkarten dem Kleinrechner zugeführt werden.

Bei der Ausarbeitung des Programmsystems mußte in Kauf genommen werden, daß eine praxisnahe, endgültige Überprüfung im Rahmen einer Werkstückbearbeitung zum damaligen Zeitpunkt nicht möglich war. Die Lösungsprinzipien der einzelnen Algorithmen zur Anpassung der Werkstückdaten, der Rohteilbestimmung, der Ermittlung der Bearbeitungsfolge und der Festlegung der Bearbeitungsdaten sind in [1] ausführlich dargestellt.
Bei der Programmerstellung in [1] wurde von einer 'idealen'

Umformung ausgegangen, d. h. daß bei der Querschnittsreduzierung der Werkstoff vollständig zur Längung des Werkstücks führt.

Die Berechnung der Bearbeitungsdaten basieren im Programmsystem PRORUM I auf dem Einsatz eines Universalwerkzeugsatzes, der das Werkstück mit einem vorgegebenen Konstantvorschub bearbeitet. Die Möglichkeit eines automatischen Werkzeugwechsels ist in diesem System nicht vorgesehen.

1.3 Verfahrensparameter und Zustandsgrößen

Radialumformen weist Charakteristiken der Verfahren Freiformschmieden (Recken mit Flachsätteln) und Rundkneten (Kinematik) auf. Aufgrund der vorhandenen Ähnlichkeiten sollen die wichtigsten Erkenntnisse aus den Bereichen Freiformschmieden und Rundkneten herangezogen werden. Diese Ergebnisse bilden die Grundlage bei der Verfahrensanalyse des Radialumformvorgangs.

1.3.1 Freiformschmieden (Reckschmieden)

Das älteste Verfahren zur Formgebung von Metallen, das Freiformschmieden, zeichnet sich durch eine Reihe von Vorteilen aus, die auch zukünftig dieser Technologie einen bedeutenden Stellenwert innerhalb der Fertigungsverfahren sichern werden [9]. Freiformen - zu dem u. a. auch Recken und Stauchen gezählt werden - ist nach [10] Druckumformen mit nicht oder nur teilweise die Form des Werkstücks enthaltenden, gegeneinander bewegten Werkzeugen.

Der bedeutendste Vorteil des Freiformschmiedens ist die große Flexibilität dieses Verfahrens, da mit relativ einfachen Werkzeugen Produkte unterschiedlichster Größenordnung mit großer Formenvielfalt hergestellt werden können. Unter Freiformschmieden ist in dieser Arbeit hauptsächlich Umformen durch Recken (Reckschmieden) zu verstehen.

Beim Reckschmieden erfassen die Werkzeuge mit der wirksamen Werkzeuglänge l einen Teil des Werkstücks und dringen um einen bestimmten Betrag (die Eindringtiefe Δh) in das Werkstück ein (Bild 5).

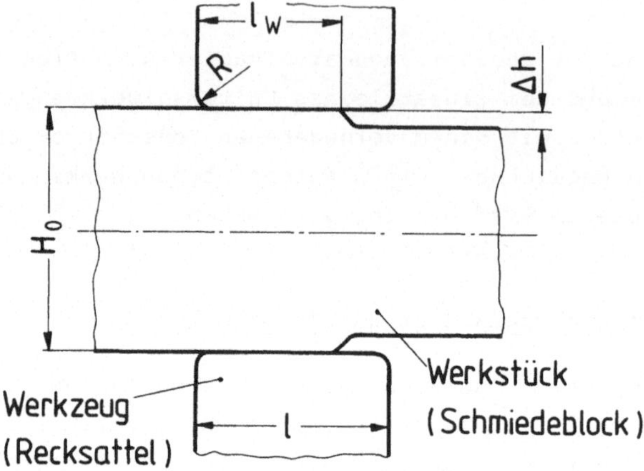

Bild 5: Bezeichnungen beim Reckschmieden.

Die Umformung wird mit Flach-, Winkel- und Rundsätteln durchgeführt [11]. In Abhängigkeit von der Werkstückgeometrie werden die Sättel paarweise, z. B. Flach-Flach oder kombiniert, z. B. Flach-Winkel eingesetzt.

Von entscheidender Bedeutung für das Verhalten des Werkstoffs in der Umformzone und damit für seine Qualität sind die Formänderungen und Spannungen, die beim Eindringen der Werkzeuge im Werkstück entstehen. Ihre rechnerische Ermittlung stößt aufgrund des meist räumlichen Spannungs- und Formänderungszustands und der Vielfalt der Einflüsse auf große Schwierigkeiten. Die Schwierigkeiten sind bei der Erstellung mathematischer Modelle, aufgrund der Schmiedestückgeometrie und Kinematik des Umformvorgangs, für das Reckschmieden größer als für den axialsymmetrischen Stauchvorgang [12].

Im Schrifttum wird der breitungsfreie Reckvorgang, bei dem vereinbarungsgemäß ein ebener Formänderungszustand vorliegen soll, ausführlich behandelt [13]. So lassen sich nach der Gleitlinientheorie Ansätze finden, die für diesen Reckfall zutreffen und mit denen die Spannungen berechnet werden können. Der Reckvorgang wird in [13] anhand des reibungsfreien Reckens

eines Rundquerschnitts auf einen Quadratquerschnitt erörtert.
Dabei wird ein starr-idealplastisches Werkstoffmodell zugrundegelegt. Zu Beginn des Reckvorgangs berührt der Sattel das
Werkstück entlang einer Mantellinie. In Umfangsrichtung nimmt
die gedrückte Breite ausgehend von einer idealen Punktberüh-
rung mit wachsender Eindringtiefe zu. Beim Erreichen einer
bestimmten Eindringtiefe reicht die plastische Zone unterhalb
der Werkzeuge bis zum Kern des Blockes (Bild 6). Dies ist nach
[12] bei einem b_w/H-Verhältnis von rd. 0,2 der Fall.

Zu Beginn des Reckvorgangs ist die wirksame Werkzeugbreite b_w
wesentlich kleiner als die wirksame Werkzeuglänge l_w. Der Beginn des Reckens führt deshalb näherungswiese zu einer reinen
Breitung des Werkstoffs. In diesem Fall herrscht ein ebener
Formänderungszustand, der eine Gleitlinienlösung (siehe Bild
6, links) erlaubt.

Am Ende des Eindringvorgangs fließt der Werkstoff hauptsächlich in Längsrichtung ab, so daß in der Längsebene ebene Form-
änderung angenommen wird. Für diesen Fall gilt das Gleitli-
nienfeld in Bild 6 (rechts).

Berechnungen in [12, 13] lassen erkennen, daß zu Beginn des
Reckens von Rund- auf Quadratquerschnitt mit erheblichen Zugspannungen in z- und y-Richtung zu rechnen ist. Im Endzustand
herrscht nur noch in Längsrichtung eine Zugspannung, während
in Querrichtung die bezogene Spannung σ_y/k_f von Zug (+ 1,0)
auf Druck (- 0,1) wechselt. Die geradlinige Verbindung beider
Lösungen geht unter Berücksichtigung der Fließbedingung näherungsweise in die gestrichelt eingezeichneten Verläufe über.

Beim Reckschmieden zwischen Flachsätteln wird der Werkstoff
nur unter idealen Bedingungen homogen umgeformt [14]. Durch
Scherwirkung zwischen Werkzeug und Werkstück und einschrän-
kende Einflüsse der umgebenden nicht umgeformten Zonen wird
eine inhomogene Umformung verursacht.

Cook [15] fand mit Hilfe von Versuchen an geschichteten Vier-
kantproben aus Plastilin und Parallelversuchen mit Stabstahl,
daß die Formänderungsverteilung in reckgeschmiedeten Werk-

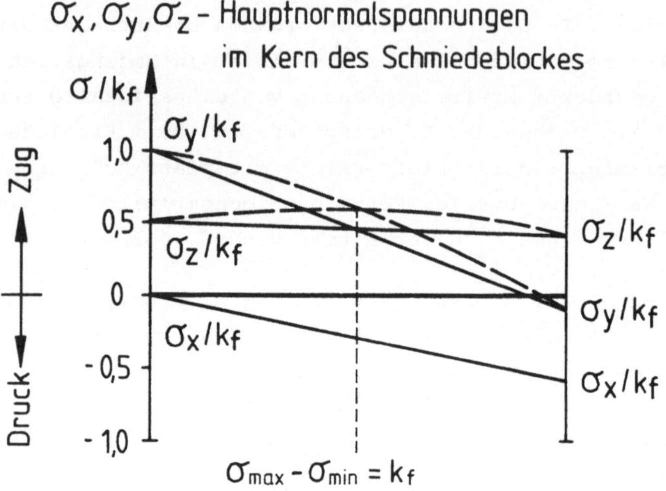

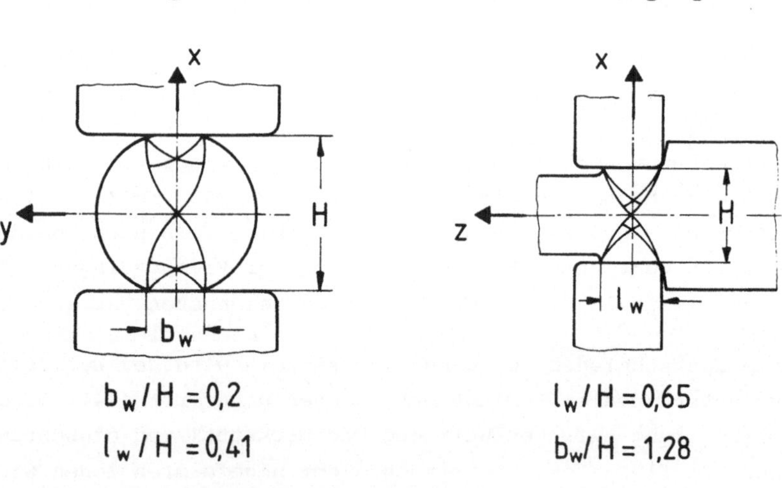

Bild 6: Gleitlinienlösung für den Beginn und das Ende des Reckvorgangs (Skizze nach [12]).

stücken hauptsächlich von dem Verhältnis der wirksamen Werkzeuglänge l_w zur Werkstückabmessung H_0 (kurz Bißverhältnis) und der Eindringtiefe Δh abhängt (Bild 5). Cook schlägt Bißverhältnisse > 0,5 vor. Bei Bißverhältnissen < 0,5 treten in Längsrichtung Zugspannungen auf, die zur Aufweitung von Mikrorissen im Werkstückkern führen können.

Furslund [14], Richter und Lotze [16] und Nebe [17] zeigen teils anhand theoretischer Betrachtungen,die auf [15] beruhen, und teils mit Hilfe praktischer Untersuchungen und Erfahrungswerten, daß für eine möglichst gleichmäßige Formänderungsverteilung l_w/H_0-Verhältnisse von 0,5 ... 0,7 notwendig sind. Nach [17] liefern die Modellwerkstoffe Blei und Plastilin ausreichend genaue Ergebnisse für eine qualitative Stoffflußbetrachtung.

Liu Chai-Kuan, Tarnovski u. a. [18] führten mit längsgeteilten Proben aus Blei, die jeweils im Längsschnitt mit einem äquidistanten Liniennetz versehen waren, Versuche unter Laborbedingungen durch. Er rät aufgrund dieser Untersuchungen zu Bißverhältnissen von 0,5 ... 0,7, um eine "inhomogene Makrostruktur", d. h. eine Minderung der mechanischen Eigenschaften in reckgeschmiedeten Werkstücken, zu vermeiden. Für gut umformbare Werkstoffe empfiehlt er kleinere und für schwer umformbare Werkstoffe entsprechend größere Bißverhältnisse anzuwenden.

Nach Wistreich und Shutt [19] soll l_w/H_0 > 0,33 sein, um das Auftreten von Rissen im Werkstückkern zu vermeiden. Kopp und Ambaum [20] untersuchten den Einfluß des Bißverhältnisses auf das Schließverhalten einer in der Längsachse des Schmiedestücks befindlichen Hohlstelle. Dabei wurden Proben aus Ck 45 (quadratischer Querschnitt) mit l_w/H_0-Verhältnissen von 0,2, 0,35, 0,5 und 0,65 gereckt. Im Kern der Proben befanden sich künstlich eingebrachte Hohlstellen entsprechend der Fehlertypen, die anhand einer "Gußanalyse" [13] festgelegt wurden. Als Ergebnis dieser Versuchsreihe wurde festgestellt, daß bei Anwendung eines Bißverhältnisses von 0,65 alle Fehler geschlossen oder zumindest nicht aufgeweitet werden. Kroneis und Samletz [21] schließen aus ihren Versuchsergebnissen, daß beim Recken mit der Kombination Flach- und Winkelsattel die auf-

tretenden Querzugspannungen geringer sind als beim Recken mit
Flachsätteln. Sie schlagen für die Bearbeitung von Stahl ein
l_w/H_o-Verhältnis zwischen 0,33 (135 °-Winkelsattel) und 0,4
(Flachsättel) vor.

Eberlein [22] reckte legierte und unlegierte Vierkantstähle
unter einem Lufthammer. Der Wert für das l_w/H_o-Verhältnis
sollte etwa 0,5 betragen um befriedigende Ergebnisse hinsichtlich der Durchschmiedung der Werkstücke zu erhalten.

Heil [11, 23] führte bei Raumtemperatur Reckschmiedeversuche
mit warmgewalzten Stangen (50 mm - Vierkantquerschnitt) aus
Ck 45 durch. Aus den örtlichen Eindringhärten nach Vickers ermittelte er die Verteilung der örtlichen Vergleichsformänderungen im Probenlängsschnitt. Nach [23] soll das Verhältnis von
Bißbreite (wirksame Werkzeuglänge l_w) zur Werkstückabmessung
H_o über 0,28 im Bereich von 0,35 ... 0,5 liegen, um eine gute
Durchschmiedung zu gewährleisten und das Auftreten von Innen-
rissen zu vermeiden.

Im Schrifttum sind nur wenige Angaben darüber zu finden, mit
welchen Eindringtiefen in der Praxis reckgeschmiedet wird. Die
umfangreichsten Untersuchungen des Einflusses der Eindringtiefe Δh bzw. der logarithmischen Eindringtiefe φ_h (= ln
$(H_o - 2 \cdot \Delta h)/H_o$) auf den Reckschmiedevorgang führte Heil [11]
durch. Er entnahm seinen Versuchsergebnissen, daß beim Recken
quadratischer Querschnitte auch bei kleinen Eindringtiefen die
Kernzone des Schmiedestücks ausreichend umgeformt wird. Rund-
querschnitte müssen dagegen mit φ_h > 0,1 gereckt werden um
sicherzustellen, daß die "höchsten örtlichen Formänderungen im
Kern" auftreten. Nach seinen Untersuchungen ist zu empfehlen,
Rohblöcke mit logarithmischen Eindringtiefen von etwa 0,1 von
verschiedenen Seiten zu überschmieden, um das Gußgefüge zu
verdichten und umzukristallieren. Anschließend soll mit
φ_h = 0,15 ... 0,25 weitergeschmiedet werden, bevor gegen Ende der Schmiedung wegen des dann geringeren Formänderungsver-
mögens des umgeformten Werkstoffs wieder geringere Eindringtiefen gewählt werden sollten.

Die aus den Arbeiten [11 bis 23] entnommenen Empfehlungen für

die zweckmäßige Wahl der Verfahrensparameter sind in Tabelle
A 1 zusammengefaßt.

1.3.2 Rundkneten

Das zur Gruppe der Freiformverfahren gehörende Rundkneten ist
bei weitem nicht so verbreitet wie das Freiform- bzw. Reckschmieden.

Beim Rundkneten sind drei oder mehrere Werkzeuge radial zum
Werkstück gerichtet. Die häufigste Anwendungsform ist das in
Bild 2 a dargestellte Rundkneten in kegeligen Werkzeugen [24].
Da sich die Werkzeuge bei der Fertigung radial zur Werkstücklängsachse bewegen, sind zwischen den einzelnen Werkzeugen
Spalte notwendig (Bild 7). Die Werkzeuge dürfen sich demzufolge
nicht völlig an das Werkstück anschmiegen, da sonst - wie
bereits im Abschnitt 1 angedeutet - in den Zwischenräumen Grat
entsteht (Bild 7 c).

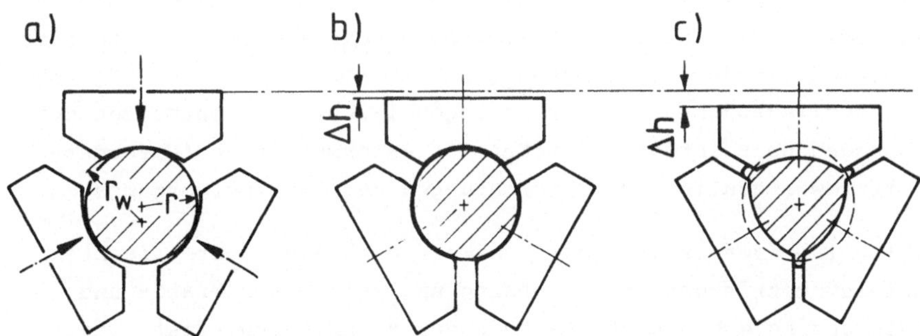

Bild 7: Einfluß des r/r_W-Verhältnisses auf das Querprofil beim
Rundkneten (Skizze nach [5])
a) Beginn des Hubes
b) passender Wirkhub
c) zu großer Wirkhub mit Gratbildung.

Die Werkzeugfläche ist daher etwas flacher gekrümmt als das
Werkstückquerprofil [25], (r/r_w muß immer kleiner als 1 sein
[5]). Die Werkzeugzwischenräume zwingen dazu, die radiale
Umformung bei jedem einzelnen Hub auf sehr kleine Teilumfor-
mungen zu beschränken. Daraus resultieren "sichelförmige" [25]
Querschnittsabnahmen pro Hub, deren Dicke nur wenige Hundert-
stel bis zehntel Millimeter betragen. Die Vielzahl solcher
Teilumformungen bilden die Gesamtumformung eines Werkstücks.

Die auf dem Markt befindlichen Rundknetmaschinen sind nahezu
durchweg mechanisch über Kurbel-(Exzenter)-Getriebe und Um-
lauf-Kurven-Getriebe (Ringläufer) angetrieben, die sehr hohe
Hubfolgen (300 ... 1400 min^{-1} [29]) ermöglichen.
Rundknetbar sind nach Gaucheron [26] u. a. alle Metalle, deren
Bruchfestigkeit unter 1200 N/mm² liegt.
Rundkneten wird in der Kaltumformung zum Feinbearbeiten eingesetzt. Bei Außenabmessungen sind Toleranzen von $\pm$ 0,05 ...
0,1 mm zu erreichen [26 bis 28].

Die hinreichend genaue Berechnung der auftretenden Formänderungen und Spannungen ist aufgrund der komplexen Werkzeuggeometrie
(konkav in Querrichtung, kegelförmig in Längsrichtung) und der
in wenigen Millisekunden ablaufenden sehr kleinen Querschnittsabnahmen mit den heute bekannten Rechenmethoden nicht möglich.
Die vorliegenden Veröffentlichungen [29 bis 32] enthalten nur
Aussagen über integrale Größen wie Umformkraft und Umformarbeit sowie qualitative Betrachtungen des Rundknetvorgangs.

Uhlig [5] idealisierte das Rundkneten zu einem vereinfachten
axialsymmetrischen Modellvorgang und wandte zur Kraft- und
Leistungsberechnung die Methode der elementaren Plastizitätstheorie an.
Ein idealisiertes Rundknetwerkzeug umschließt das Werkstück
vollkommen. Bei jedem Umformschritt zieht sich das ringförmige
Modellwerkzeug um einen geringen Betrag (entsprechend der
Durchmesserreduzierung) zusammen. Dabei fließt der Werkstoff
je nach Lage der Fließscheide in positive bzw. negative Längsrichtung. Uhlig variierte die Lage der Fließscheide je nachdem, ob das Werkstück in einer starren oder weichen, schieben-

den oder ziehenden Längsvorschubvorrichtung eingespannt war.
Er zeigte, daß die von Mäkelt [33] u. a. getroffenen Annahmen "einer vollkommenen Ähnlichkeit" zwischen dem Rundknetmodell und dem Ziehen, wegen der Vernachlässigung der Fließscheide nicht zutrifft. Beim Rundkneten können elastische
und plastische Formänderungen in der gleichen Größenordnung
auftreten [24]. Durch die Annahme eines starr-plastischen
Werkstoffverhaltens entfernt sich Uhlig's Rundknetmodell weiter vom wirklichen Vorgang. Nach [29] erhält man trotz
der starken Vereinfachungen dieses Modells eine gute Übereinstimmung der analytisch ermittelten und gemessenen Werkzeugkräfte.

Alexander und Chaaban reduzieren den Rundknetvorgang auf einen
ebenen Formänderungszustand, der auf Hill's [34] Gleitlinienlösung beim Pressen eines rechteckigen Blockes zwischen rauhen,
ebenen Platten beruht. Außerdem legte er starr-idealplastisches
Werkstoffverhalten zugrunde. Die mit diesem relativ einfachen
Rechenmodell ermittelten Ergebnisse stimmen teilweise sehr gut
mit den Versuchswerten überein.

Nach Michler [35] ist die Tiefenwirkung der Werkzeuge (die
Durchschmiedung) von dem Einlaufwinkel der Werkzeuge und der
Größe der Querschnittsabnahme pro Stich bestimmt. Werte für
die richtige Wahl der Werkzeuggeometrie sind im vorliegenden
Schrifttum nicht angegeben.

Verfahrensparameter wie beim Freiformschmieden (Abschnitt
1.3.1) sind beim Rundkneten nicht angegeben. Dies liegt einerseits an dem äußerst schwierig zu bestimmenden Spannungs- und
Bewegungszustand beim Rundkneten und zweitens an der Vielzahl
von Variationsmöglichkeiten bezüglich Werkzeuganzahl, Werkzeuggeometrie sowie an den "starren" bis "weichen" Einspannmöglich-
keiten des Werkstücks.

1.3.3 Qualitative Betrachtung von Mehrwerkzeugsystemen

Die folgende qualitative Betrachtung von Zwei-, Drei- oder
Vierwerkzeugsystemen soll den Unterschied hinsichtlich der
freien Breitung verdeutlichen (Bild 8). Diese Betrachtung basiert teilweise auf [36].

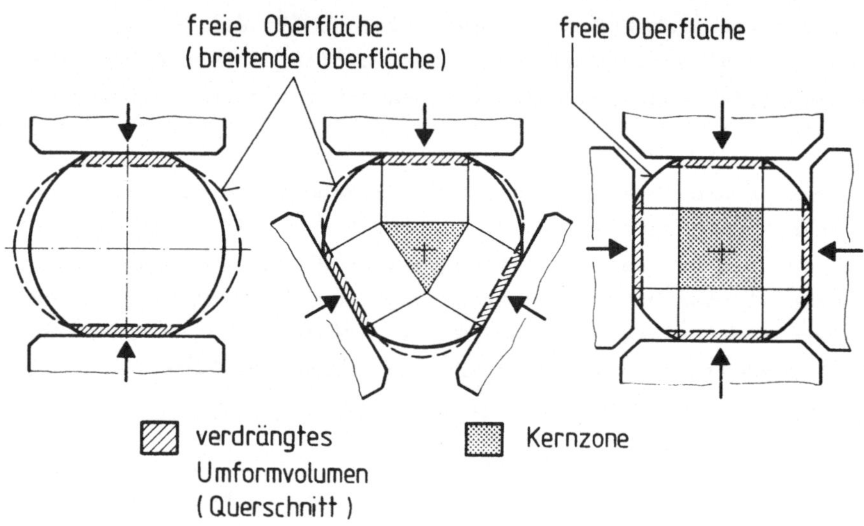

Bild 8:Prinzipielle Darstellung von Mehrwerkzeugsystemen.

Beim Zweiwerkzeugsystem - dem Freiformschmieden - entsteht
kein definierter Kernbereich. Es entsteht je nach geometrischen Verhältnissen ein Zug-Druck- oder ein reiner Druckspannungszustand im Querprofil des Werkstücks (vgl. Gleitlinienbe-
trachtung Abschnitt 1.3.1). Die freie Breitung ist in diesem
Fall relativ groß.

Beim Einsatz von drei Werkzeugen weist die Berandung des Werk-
stückquerprofils drei freie und drei druckbeaufschlagte An-
teile auf. Das von den Werkzeugen verdrängte Volumen fließt
nun teilweise in Richtung Kern und aus Gründen der Volumenkon-
stanz in Längsrichtung ab. Die Erhöhung der Werkzeuganzahl

vermindert demzufolge die freie Breitung und erhöht die Strek-
kung des Werkstücks in Längsrichtung. Im Kernbereich entsteht
ein reiner Druckspannungszustand.

Durch die Vergrößerung der druckbeaufschlagten Flächen beim Umformsystem mit vier Werkzeugen wird die Möglichkeit der Breitung noch geringer. Vorversuche ergaben, daß die Breitung beim
Radialumformen (Vierwerkzeugsystem) praktisch verschwindet,
d. h. der Kernzone wird von vier Seiten der gesamte Werkstoff
zugeführt, der dann axial abfließt. Diese Betrachtung zeigt,
daß die Erhöhung der Werkzeugzahl die Breitung reduziert bzw.
verhindert und die Streckwirkung entsprechend erhöht.

1.3.4 Folgerungen für das Radialumformen

Die Verfahren Radialumformen und Rundkneten weisen nur hinsichtlich der Einzelbewegungen Längs- und Drehvorschub des
Werkstücks bzw. Querzustellung und Arbeitshub der Werkzeuge
gewisse Ähnlichkeiten auf.

Beim Radialumformen können aufgrund der ebenen Werkzeugflächen
und des ölhydraulischen Stößelantriebs (Stößelhub max. 50 mm)
wesentlich größere Arbeitshübe verwirklicht werden, als dies
bei dem "weggebundenen",auf mechanischem Antrieb basierenden,
Rundkneten der Fall ist. Bei den Radialumformwerkzeugen mit
ebenen Wirkflächen fehlt der für das Rundkneten im Durchlauf-
verfahren kennzeichnende "Einlaufkegel". Deshalb sind beim
Einsatz ebener Werkzeuge große Längsvorschübe, entsprechend der
Werkzeuglänge und der vorhandenen Stößelnennkraft möglich.

Die realisierbaren Größenverhältnisse von Arbeitshub und Werk-
stückvorschub stimmen mit denen des Freiformschmiedens überein. Bei beiden Verfahren entstehen während der Bearbeitung
nahezu identische Werkstück-Werkzeugkonturen im Werkstücklängs-
profil.

Aufgrund der geometrischen Ähnlichkeiten kann davon ausgegangen werden, daß zumindest in gewissen Bereichen ähnliche Formänderungszustände auftreten. Diese Betrachtung läßt die
Schlußfolgerung zu, daß der Stofffluß beim Radialumformen, wie

beim Freiformschmieden, hauptsächlich von den Verfahrensparametern Bißverhältnis und Eindringtiefe beeinflußt wird.

Der rationelle Einsatz der Radialumformmaschine setzt eine rechnergestützte Arbeitsablaufplanung bzw. Fertigungsdatenbestimmung voraus. Für diesen Zweck müssen Programme erstellt werden, die mit einer Reihe geometrischer und technologischer Vorgaben den Fertigungsablauf selbsttätig festlegen.

Aufbauend auf den in [1] im Rahmen des Programmsystems PRORUM I entworfenen Algorithmen zur Simulation des Radialumformens muß das Programmsystem PRORUM II erstellt werden, das die o. g. Aufgabe bewältigt.
Für den optimalen Einsatz dieses Programmsystems sind folgende Änderungen bzw. Erweiterungen gegenüber PRORUM I notwendig:

- Berücksichtigung des realen Stoffflusses
- Möglichkeit des automatischen Werkzeugwechsels
- Anpassung des Werkstücklängsvorschubs an die momentane Werkstückabmessung, d. h. Berücksichtigung des beim Freiformschmieden relevanten Verfahrensparameters 'Bißverhältnis'
- Berücksichtigung maschinenseitiger Randbedingungen (z. B. Arbeitsraumabmessungen, Spannzangengeometrie)
- Möglichkeit der Eingabe der werkstückbeschreibenden Daten über ein Bildschirmterminal im Dialogbetrieb
- Möglichkeit der zeitsparenden Überprüfung der Ein- und Ausgabedaten mit Hilfe eines graphischen Bildschirms

Zur Verwirklichung des erstgenannten Punktes sind umfangreiche Werkstoffflußuntersuchungen notwendig, die den Hauptteil dieser Arbeit bilden.

Die Beurteilung des Stoffflusses setzt die Kenntnis der während der Radialumformvorgänge auftretenden Spannungs- und Formänderungszustände voraus.

Mit Hilfe der Visioplasticity, der elementaren Plastizitätstheorie und der Methode der Finiten Elemente sollen die wichtigsten Verfahrensparameter und deren Einfluß auf den Stofffluß beim Radialumformen bestimmt werden.

Die bei dieser Verfahrensanalyse gewonnenen Erkenntnisse sollen
wie erwähnt im Programmsystem PRORUM II berücksichtigt werden
und somit zur Verfahrensoptimierung beitragen.

Bild 9 zeigt schematisch die Zielsetzung dieser Arbeit.

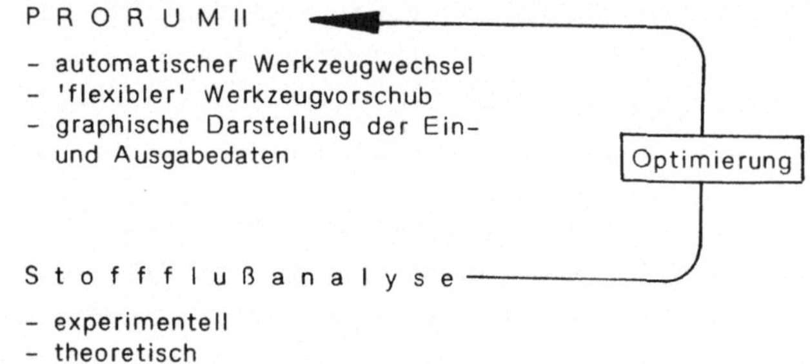

Bild 9: Zielsetzung (Übersicht).

3   <u>Verfahrensanalyse</u>

3.1   <u>Definitionen</u>

Die im Abschnitt 1.3 angestellten Betrachtungen und ergänzen-
den Vorversuche führen zu der Schlußfolgerung, daß der Stofffluß (d. h. der Formänderungs- und Spannungszustand) beim Radialumformen hauptsächlich von der Werkzeugeindringtiefe Δh
(bzw. relativen Eindringtiefe ε_h) und dem Verhältnis der wirksamen Werkzeuglänge l_w zur Werkstückabmessung H abhängt.
Dieses Verhältnis wird in Anlehnung an die Terminologie der
Freiformschmiedetechnik als Bißverhältnis s_b bezeichnet.
Die mit dem Radialumformen in Zusammenhang stehenden Bezeichnungen und Definitionen sind in Bild 10 dargestellt.

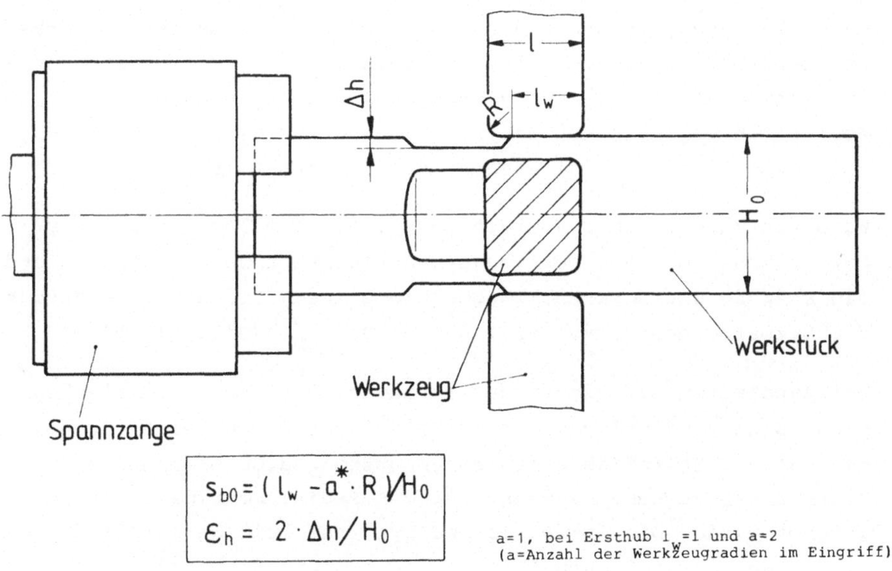

Bild 10: Definitionen und Bezeichnungen beim Radialumformen.

3.2   <u>Modell des ebenen Formänderungszustands beim Radial-</u>
        <u>umformen</u>

Beim Radialumformen treten wie bei nahezu allen Umformvorgängen komplizierte dreidimensionale Formänderungs- und Spannungs-
zustände auf.

Aufgrund extrem hoher Rechenzeiten fehlen z. Z. die rechentech-
nischen Voraussetzungen, den dreidimensionalen (räumlichen)
Formänderungszustand in umgeformten Werkstücken wirtschaftlich
zu berechnen. Die numerische Behandlung solcher Probleme wird
in naher Zukunft durch die Anschaffung eines Vektorrechners
(CRAY-1) möglich, der bedeutend schneller arbeitet als die z.
Z. der Universität Stuttgart zur Verfügung stehenden Großre-
chenanlagen (CD 6600, CYBER 174). Diese Einschränkung erfordert
die Betrachtung und analytische Behandlung des Werkstoffflusses in Werkstückschnitten, in denen der Formänderungszustand
auf Sonderfälle des räumlichen Zustands reduziert werden kann.
Einen solchen Sonderfall stellt der ebene Formänderungszustand
dar. Zur analytischen Behandlung des Problems müssen im Werkstück Ebenen vorhanden sein, in denen in einer Koordinatenrich-
tung keine bzw. für eine Näherungsbetrachtung nahezu keine
Werkstoffbewegung stattfindet. Im ebenen Verzerrungszustand
gilt also, falls die Fließebene die xy-Ebene ist, $\varepsilon_z = 0$.

Wird ein kartesisches Koordinatensystem so gelegt, daß die y-
bzw. z-Achse mit den Werkzeugsymmetrielinien zusammenfallen und
die x-Achse die Werkstücklängsachse bildet, treten im Werkstück
die Symmetrieebenen xy, xz, AA' und BB' auf (Bild 11 a).

Bei synchronem Eindringen der Werkzeuge bleiben diese Flächen
plan. Dies verdeutlicht die in Bild 11 b) dargestellte Probe,
die auf der Stirnfläche mit einem orthogonalen Liniennetz (mit
Diagonalen) versehen war und auf der Radialumformmaschine umgeformt wurde. Die Symmetrie bedingt, daß kein Werkstoff durch
diese raumfesten Ebenen fließt. Diese Symmetriebetrachtung
gilt auch für die während der Fertigung entstehenden Achtkant-
querprofile (siehe Abschnitt 1.1). Bild 11 b) verdeutlicht die
im Abschnitt 1.3.3 erwähnte Beobachtung, daß beim Radialumformen nahezu keine Breitung stattfindet, d. h. daß der gesamte

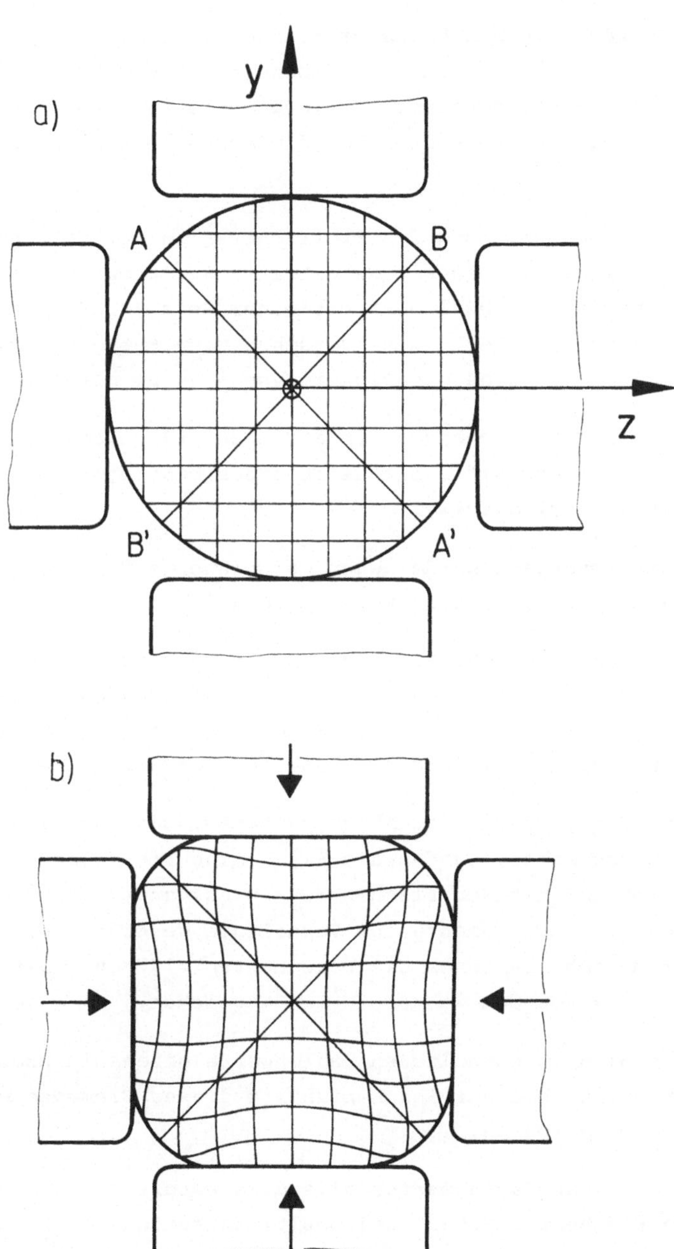

Bild 11: Symmetrieebenen beim Radialumformen.

Werkstoff axial wegfließt.

Zur Betrachtung des Werkstoffflusses beim Radialumformvorgang bietet sich die xy-(bzw. xz-)Ebene an, die die größte Umformung beim Eindringen der Werkzeuge erfährt. Außerdem lassen sich in dieser Ebene die Stoffflußvorgänge bis in den Kern beobachten.

Zur Veranschaulichung des Stoffflusses in der xy-Ebene wurde eine entlang der Längsachse geteilte Rundprobe umgeformt, wobei einer der Halbzylinder mit einem Netz äquidistanter mechanisch aufgebrachter Linien versehen war. Für den Linienabstand von 2,5 mm war eine Genauigkeit von $\pm$ 10 µm gefordert.

Infolge der vorliegenden Symmetrie zur Längsachse wurde nur eine Liniennetzhälfte mit Hilfe eines Meßmikroskops (Meßgenauigkeit $\pm$ 2 µm) ausgewertet.

Der Umformvorgang wurde wegen der besseren Veranschaulichung des Stoffflusses schrittweise durchgeführt.

Bild 12 zeigt die Verschiebungen der Knotenpunkte für einen sich aus drei Umformschritten zusammensetzenden Radialumformvorgang in der xy-Ebene. Aus Symmetriegründen verschieben sich die Knotenpunkte in der xz-Ebene in gleicher Weise.

Anhand der vier Knotenpunktkoordinaten, die ein Flächenelement beschreiben, wurden die Flächeninhalte dieser Elemente bestimmt und mit den Flächen der im Ausgangszustand quadratischen Flächenelemente ins Verhältnis gesetzt. Aufgrund zufälliger Meßfehler können die berechneten Flächeninhalte bis max. $\pm$ 2 % von den wahren Werten abweichen.

Die in Bild 12 enthaltenen Zahlenwerte geben die prozentuale Zu- bzw. Abnahme der Flächeninhalte dieser Elemente während der Deformation an.

Bei negativen Zahlenwerten fließt Werkstoff aus den betrachteten Flächenelementen, bei positiven Werten fließt Werkstoff in die Elemente ein.

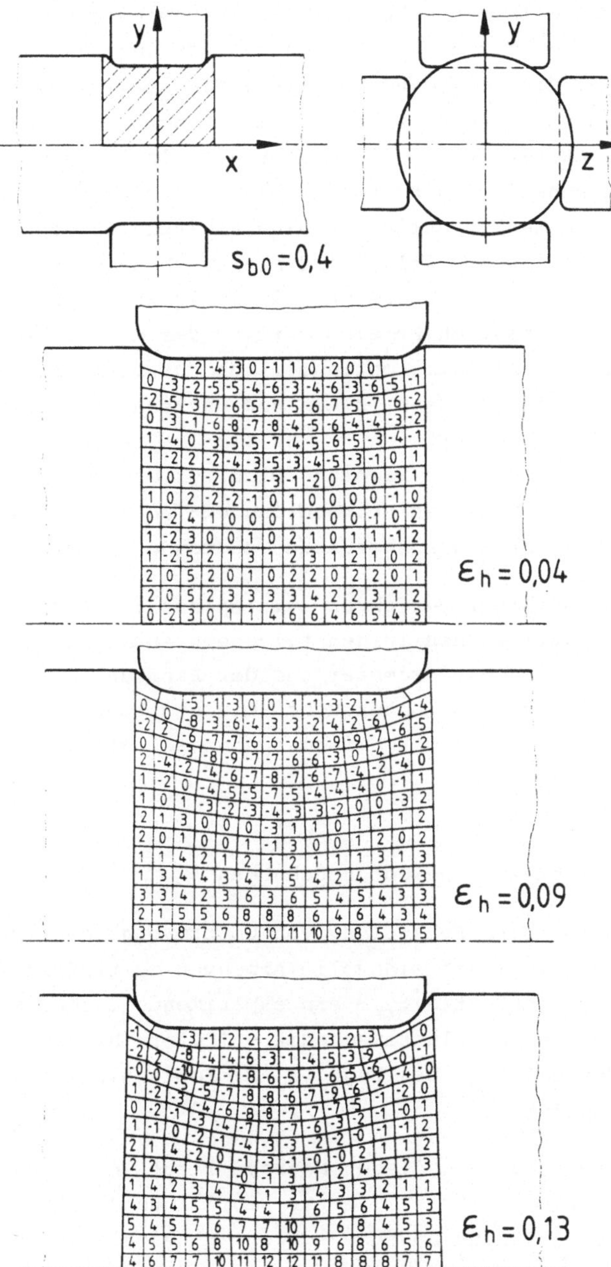

Bild 12: Verschiebungen der Knotenpunkte während des Radialumformvorgangs.

Die Zahlenwerte lassen erkennen, daß zu Beginn des Vorgangs im Bereich unterhalb der Werkzeuge eine geringe Breitung stattfindet, d. h. die senkrecht auf diese Fläche wirkenden Werkzeuge können den - wenn auch minimalen - Werkstofffluß in z-Richtung nicht verhindern. Beim Achtkant als Zwischenformquerprofil verhindert das großflächige Aufsetzen der Werkzeuge auf den ebenen Werkstückflächen eine Breitung unterhalb der Werkzeuge. Dieser Stofffluß wird mit zunehmender Werkzeugeindringtiefe rasch unterbunden und bleibt vernachlässigbar klein. In einem eng begrenzten Bereich entlang der Längsachse nimmt der Elementflächeninhalt kontinuierlich zu. Diese Flächenzunahme bleibt aber insgesamt klein und überschreitet beim betrachteten Teil den Wert $\Delta A = 12\,\%$ nicht. Aufgrund des geringen Stoffflusses in z-Richtung wird für die xy-Ebene bei der weiteren analytischen Betrachtung ein ebener Formänderungs- und ein räumlicher Spannungszustand zugrunde gelegt.

Mit Hilfe numerischer Verfahren (Visioplasticity, Methode der Finiten Elemente) werden in den folgenden Abschnitten die wichtigsten Verfahrensparameter und der Einfluß auf den einzelnen Radialumformvorgang untersucht. Die ermittelten Ergebnisse sollen zur Optimierung der Umformergebnisse beim Radialumformen beitragen.

3.3   Visioplastische Untersuchungen

Für die rechnerische Behandlung von Umformvorgängen ist es notwendig, physikalisch sinnvolle Annahmen zu treffen. Die Methode der Visioplasticity - ein experimentell-theoretisches Lösungsverfahren der Plastomechanik - liefert hierzu einen grundlegenden Beitrag. Der Begriff 'Visioplasticity' wurde von [37] eingeführt.

Die besondere Bedeutung dieser Methode liegt in der experimentellen Bestimmung komplizierter Stoffflußcharakteristika, die durch modellmäßige Ansätze schwer zu beschreiben sind.

Das Fließverhalten des Werkstoffs, d. h. die Kinematik des Umformvorgangs, wird anhand von Werkstoffmarkierungen (z. B.

Liniennetze) erfaßt, deren Lageänderung (Verschiebung) im Verlauf des Umformvorgangs gemessen wird. Auf der Grundlage der Meßdaten können dann u. a. die für die folgenden Betrachtungen relevanten örtlichen Formänderungsgrößen berechnet werden.

Der Nachteil dieses Verfahrens ist ein hoher experimenteller Aufwand, der besonders beim vorliegenden instationären Umformen erforderlich wird, da bei instationärem Werkstofffluß der Umformvorgang in kleine Umformschritte zerlegt werden muß, um die zeitliche Änderung des Formänderungszustands zu erfassen.

3.3.1 Experimentelle Ermittlung des Werkstoffflusses beim Radialumformen

Zur Veranschaulichung des Werkstoffflusses in der xy-Ebene (vgl. Abschnitt 3.2) wurden entlang ihrer Längsachse geteilte Rundproben auf der Radialumformmaschine umgeformt, wobei jeweils einer der Halbzylinder mit einem Netz äquidistanter mechanisch aufgebrachter Linien versehen war.

Beim Radialumformvorgang tritt instationärer Werkstofffluß auf, da die Integralkurven des - von den Geschwindigkeitsvektoren der 'Werkstoffteilchen' gebildeten - Richtungsfeldes nicht mit den Bahnlinien dieser Teilchen übereinstimmen. Deshalb wurde der betrachtete Vorgang in kleine Umformschritte zerlegt und ausgewertet.

Während beim stationären Stofffluß die Genauigkeit der berechneten Größen hauptsächlich vom gewählten Linienabstand beeinflußt wird, hängt sie beim instationären Stofffluß von der Anzahl der ausgewerteten Umformschritte ab.

Die zeitliche Änderung des Formänderungszustands läßt sich mit zunehmender Anzahl der Umformschritte genauer bestimmen.

Zur Versuchsdurchführung wurden Linienabstände von 2,5 mm gewählt. Geringere Linienabstände hätten eine bessere 'Auflösung' ergeben, den Versuchsaufwand aber unverhältnismäßig erhöht. Der Umformvorgang wurde in etwa 5 bis 6 Schritte zerlegt, wo-

bei der Zuwachs der Werkzeugeindringtiefe von Stufe zu Stufe
etwa 1 mm betrug.

Die Warmumformung von Stahl war zum Zeitpunkt der Erstellung
dieser Arbeit aufgrund maschinenseitiger Einschränkungen nicht
möglich. Deshalb wurden ähnlich wie bei der Stoffflußanalyse
beim Reckschmieden [17] Modellwerkstoffe verwendet.
Als Versuchswerkstoffe wurden die Aluminiumwerkstoffe Al 99,5
und AlMgSi 0,5 weichgeglüht verwendet, deren Fließkurven in
Stauchversuchen ermittelt wurden (Bild A 1). Die vorzugsweise
verwendet Aluminiumlegierung AlMgSi 0,5 hat sich als Versuchs-

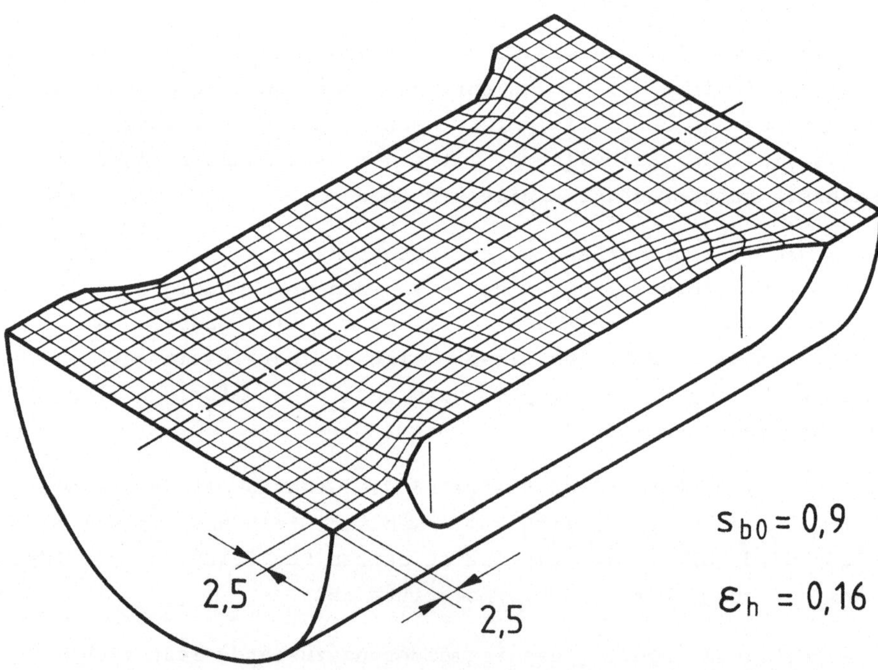

Bild 13: Liniennetzverzerrung beim Radialumformen einer
längsgeteilten Probe (H_o = 56 mm, l_w = 60 mm,
R = 5 mm).

werkstoff bewährt, da sich dieser Werkstoff einerseits im Lieferzustand gut für die zerspanende Probenherstellung eignet und andererseits einen geringen Verfestigungsexponenten n ($\approx$ 0,0789) aufweist, der dem von warmbearbeitetem Stahl näherungsweise entspricht. Bild 13 zeigt die Verschiebungen der Knotenpunkte am Ende eines Radialumformvorgangs in der xy-Ebene.

Aufgrund der besseren Durchführbarkeit wurden einige Radialumformversuche durch Modellversuche auf einer Zug-Druck-Prüfmaschine (Losenhausen VHP 40) ersetzt. Bei diesen Versuchen werden die in Abschnitt 3.2 beschriebenen Symmetrieeigenschaften benützt. Die Symmetrieebenen teilen den Werkstückquerschnitt in acht symmetrische Teilflächen (Bild 14 a). Aus diesem Grund genügt die Betrachtung eines dieser Achtel während der Umformung. Zur Durchführung des Modellversuchs wurde das in Bild 14 b) prinzipiell dargestellte Versuchswerkzeug eingesetzt. Die Berührfläche zwischen Probe und Werkzeug wurde mit Teflonspray besprüht, um Reibungseinflüsse, die beim realen Vorgang nicht vorhanden sind, möglichst zu vermeiden.

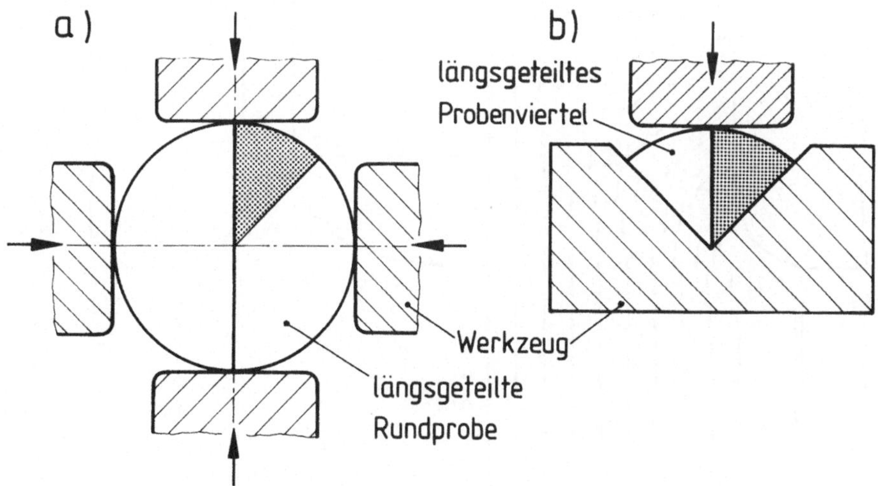

Bild 14: Modellversuch beim Radialumformen.

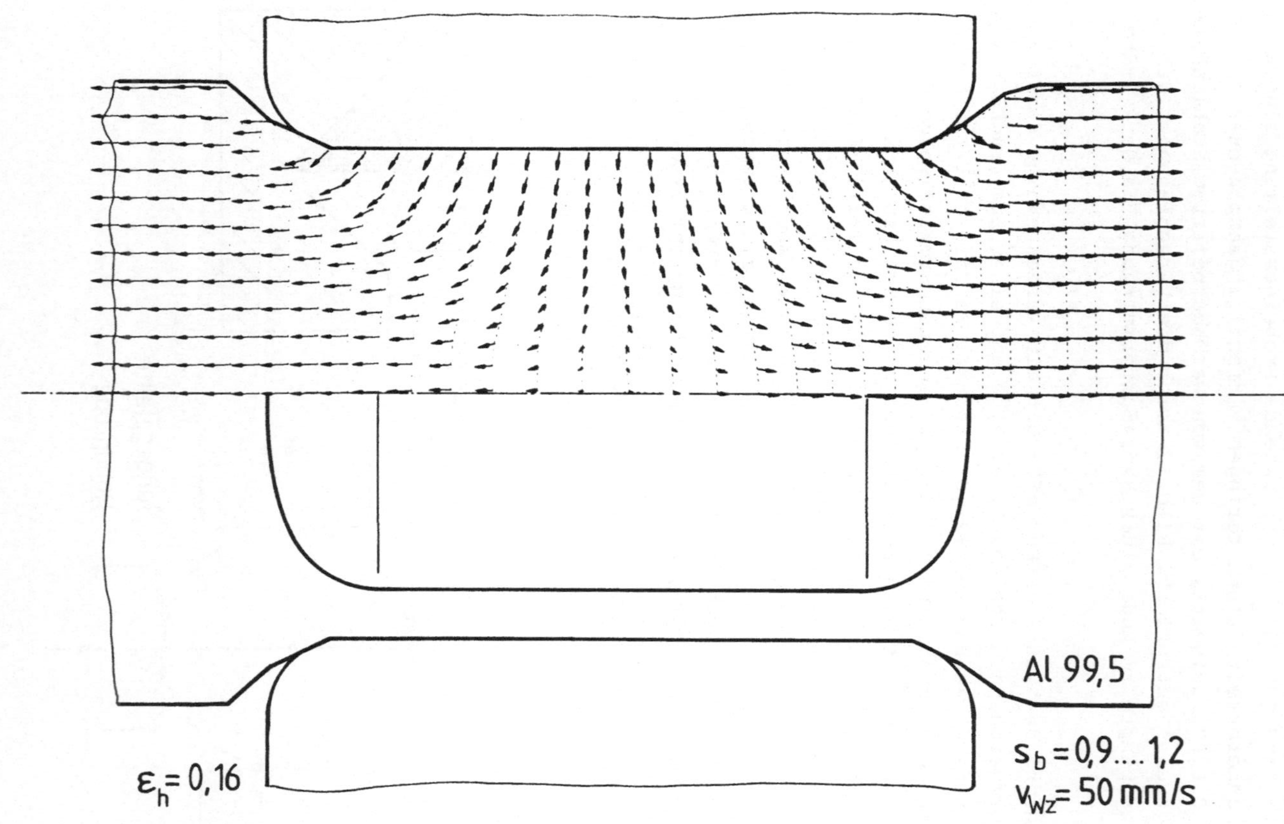

Bild 15: Geschwindigkeitsfeld beim Radialumformen (H_O = 56 mm, l = 60 mm, R = 5 mm).

Ein quantitativer Vergleich der anhand der Modell- bzw. Radialumformversuche ermittelten Ergebnisse führten zu einer sehr
guten Übereinstimmung, die die Durchführung der Modellversuche rechtfertigt.

3.3.2   Geschwindigkeitsfelder während des Radialumformvor-
         gangs

Aus den Abständen der Verschiebungen zweier aufeinanderfolgen-
der Umformschritte und der Vorgangszeit läßt sich Richtung und
Betrag der örtlichen Geschwindigkeitsvektoren bestimmen.

Bild 15 zeigt Verschiebungen und das Geschwindigkeitsfeld
eines auf der Radialumformmaschine umgeformten Werkstücks.
Die Geschwindigkeitsvektoren klappen aus vertikaler Richtung
unterhalb der Werkzeugmitte in eine horizontale Richtung um.

Bereiche, in denen benachbarte Vektoren den gleichen Betrag
und die gleiche Richtung aufweisen, sind starr. Diese Darstellung ist als Momentanaufnahme zu betrachten und stellt das Geschwindigkeitsfeld für eine relative Eindringtiefe von
ε_h = 0,16 und eine Werkzeuggeschwindigkeit von 50 mm/s dar.
Für den betrachteten Zeitpunkt bewegen sich die starren Gebiete links und rechts vom Werkzeug mit der 1,4fachen Werkzeuge-
schwindigkeit nach links und rechts weg.

Bild 16 veranschaulicht die Änderung des Geschwindigkeitsfelds
während des Radialumformvorgangs.

Zu Beginn des Vorgangs bewegt sich der Werkstoff unter dem
Werkzeug nahezu senkrecht zur Längsachse. Die Tiefenwirkung
ist in diesem Stadium noch so gering, daß im Bereich der
Längsachse unter der Werkzeugmitte keine Werkstoffbewegung
stattfindet. Der Bereich,der umgeformt wird, vergrößert sich
mit zunehmender Werkzeugeindringtiefe.

Aus Bild 16 läßt sich außerdem entnehmen, daß sich die starren
Gebiete links und rechts vom Werkzeug während des Umformvorgangs beschleunigt wegbewegen.

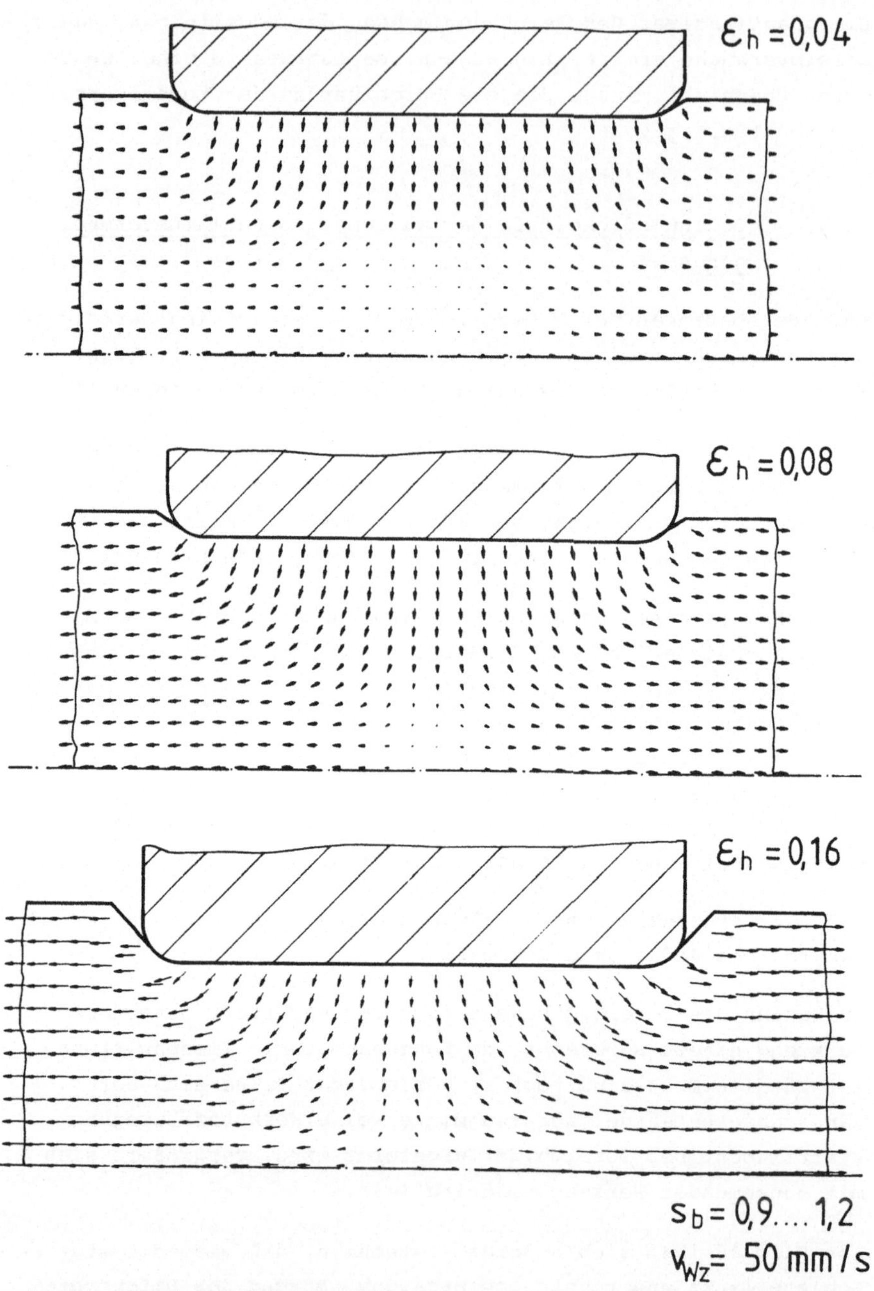

Bild 16: Geschwindigkeitsfelder während des Radialumformvorgangs (H_o = 56 mm, l = 60 mm, R = 5 mm).

3.3.3 Örtliche Formänderungsgeschwindigkeiten und Vergleichs-formänderungen

Die analytische Behandlung des Radialumformvorgangs basiert auf dem in Abschnitt 3.2 beschriebenen Modell der ebenen Form-änderung, das den Formänderungszustand im Längsschnitt der ra-dialumgeformten Werkstücke beschreibt.

Für die Berechnung der örtlichen Dehnungsgeschwindigkeiten $\dot{\varepsilon}_x$, $\dot{\varepsilon}_y$ und der örtlichen Schiebungsgeschwindigkeiten $\dot{\varepsilon}_{xy}$ nach der Differenzenmethode [39] werden die experimentell ermittelten Geschwindigkeitsfelder zugrundegelegt.

Unter der Annahme, daß für hinreichend kleine Umformschritte die Differentialquotienten zur Berechnung der Formänderungsge-schwindigkeiten näherungsweise durch Differenzenquotienten er-setzt werden können, gelten folgende Ableitungsvorschriften:

$$\dot{\varepsilon}_x = \frac{\partial v_x}{\partial x} \approx \frac{\Delta v_x}{\Delta x}, \tag{1}$$

$$\dot{\varepsilon}_y = \frac{\partial v_y}{\partial y} \approx \frac{\Delta v_y}{\Delta y}, \tag{2}$$

$$\dot{\varepsilon}_{xy} = \frac{1}{2} \left(\frac{\partial v_x}{\partial y} + \frac{\partial v_y}{\partial x} \right) \approx \frac{1}{2} \left(\frac{\Delta v_x}{\Delta y} + \frac{\Delta v_y}{\Delta x} \right). \tag{3}$$

Für die Vergleichsformänderungsgeschwindigkeit gilt

$$\dot{\varepsilon}_v = \sqrt{\frac{4}{3} I_2}. \tag{4}$$

Die 2. Invariante des Formänderungsgeschwindigkeitstensors V reduziert sich bei ebener Formänderung zu

$$I_2 = - \dot{\varepsilon}_x \dot{\varepsilon}_y + \dot{\varepsilon}_{xy}^2, \tag{5}$$

Die Kombination der Beziehungen (4) und (5) ergibt

$$\dot{\varepsilon}_v = \sqrt{\frac{4}{3} \left(- \dot{\varepsilon}_x \dot{\varepsilon}_y + \dot{\varepsilon}_{xy}^2 \right)}. \tag{6}$$

Die Vergleichsformänderung, die ein Werkstoffelement während des betrachteten Umformschrittes erfährt, erhält man durch

die Integration der Vergleichsformänderungsgeschwindigkeit
entlang der vom Werkstoffelement zurückgelegten Bahn

$$\varepsilon_v = \int_{t_o}^{t_1} \dot{\varepsilon}_v \, dt. \tag{7}$$

Die Vergleichsformänderung, die ein Werkstoffelement während
des gesamten Umformvorgangs erfährt, läßt sich durch Summa-
tion der schrittweise berechneten Werte ermitteln.

Zur Durchführung der Berechnungen wurden Programme entwickelt,
mit deren Hilfe der Radialumformvorgang analytisch untersucht
und die berechneten Daten, wie z. B. Verschiebungen, Vergleichsformänderungen und Geschwindigkeitsfelder graphisch
dargestellt werden können.

Folgende Gesichtspunkte waren bei der Programmerstellung zu
beachten:

- Beim Radialumformen entsteht während des Eindringens
  der Werkzeuge keine eindeutig geometrisch definierte Werkstückkontur, wie z. B. beim Napffließpressen,
  bei dem sich der Werkstoff an den Stempel anlegt.
  Die Werkstückflanken, die im Bereich der Werkzeugradien entstehen, bilden sich frei aus und vergrös-
  sern sich mit zunehmender Werkzeugeindringtiefe.

- Beim Fertigen eines Werkstücks durch Radialumformen lassen sich grundsätzlich vier verschiedene
  Werkstücklängsprofile unterscheiden (Bild A 2).
  Diese Längsprofile entstehen durch:
  1. 'Einstechen' des Werkzeugs beim Ersthub.
  2. Werkzeugvorschub bzw. Bearbeiten eines tiefer-
     liegenden Formelements mit einem Absatz.
  3. (Fertig-)bearbeiten eines tieferliegenden Form-
     elements mit zwei Absätzen.
  4. Bearbeiten des Werkstückendes.

- Eine Berechnung nach der Differenzenmethode [39]

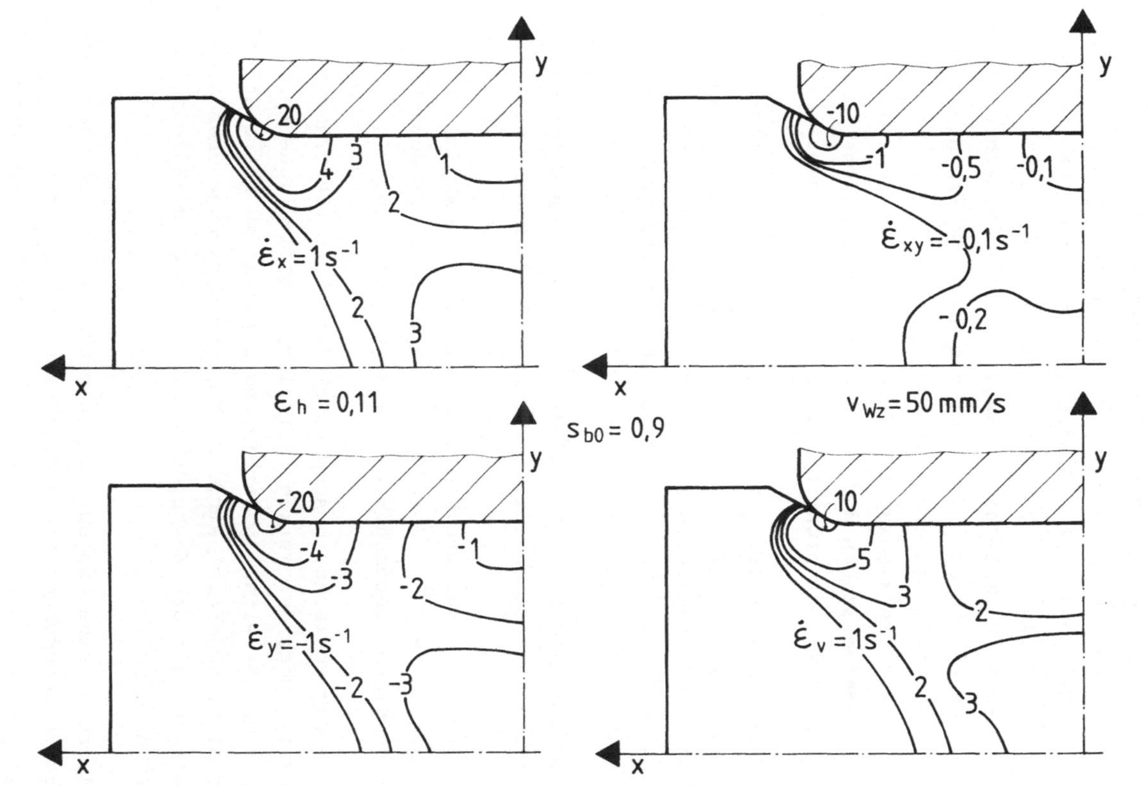

Bild 17: Formänderungsgeschwindigkeiten beim Radialumformen (H_o = 56 mm, l = 60 mm, R = 5 mm).

erfordert die Interpolation der experimentell ermittelten Geschwindigkeitsvektoren auf die Knotenpunkte eines normierten Liniennetzes, das rechner-
intern über das verzerrte Netz gelegt wird.
Ein positiver Nebeneffekt dieser Vorgehensweise ist
die Glättung der berechneten (mit kleinen Meßfeh-
lern behafteten) Größen, die beim 'Rückinterpolie-
ren' dieser Größen auf die Knotenpunkte des verzerrten Liniennetzes auftritt.
Auf die angewandten Interpolationsverfahren und
-algorithmen und deren programmtechnische Lösung
soll hier nicht näher eingegangen werden.

Bild 17 zeigt die Verteilung der örtlichen Dehnungsgeschwin-
digkeiten $\dot{\varepsilon}_x$, $\dot{\varepsilon}_y$, Schiebungsgeschwindigkeiten $\dot{\varepsilon}_{xy}$ und Vergleichsformänderungsgeschwindigkeiten $\dot{\varepsilon}_v$ im Längsschnitt
einer auf der Radialumformmaschine umgeformten Probe anhand
von Isolinien.

Diese Darstellung ist aufgrund des instationären Umformcharak-
ters ($\dot{\varepsilon} = \dot{\varepsilon}(t)$) des Radialumformvorgangs als Momentaufnahme zu
betrachten. Aus Bild 17 läßt sich entnehmen, daß im Bereich
Werkzeugradius - Werkstückschulter große örtliche Schiebungs-
geschwindigkeiten $\dot{\varepsilon}_{xy}$ ($\approx 10\ \mathrm{s}^{-1}$) auftreten, die außerhalb
dieses Bereiches rasch auf kleine Werte abfallen.

Die Höhe der Schiebungsgeschwindigkeiten resultiert daraus,
daß der zwischen den Werkzeugwirkflächen befindliche Werkstoff
seitlich mit Material in Verbindung ist, das im betrachteten
Moment nicht umgeformt wird. D. h., die Werkzeuge üben eine
Scherwirkung auf das Werkstück aus, die im o. g. Bereich ihr
Maximum erreicht.

Bild 18 zeigt eine ausgeprägt inhomogene Verteilung der Vergleichsformänderungen im Längsschnitt der betrachteten Probe.
Aus Symmetriegründen wurde nur ein Werkstückviertel mit zwei
im Eingriff befindlichen Werkzeugen dargestellt.

Die örtlichen Vergleichsformänderungen besitzen direkt unter
den Werkzeugradien ihre Maxima. Diese Größtwerte werden haupt-

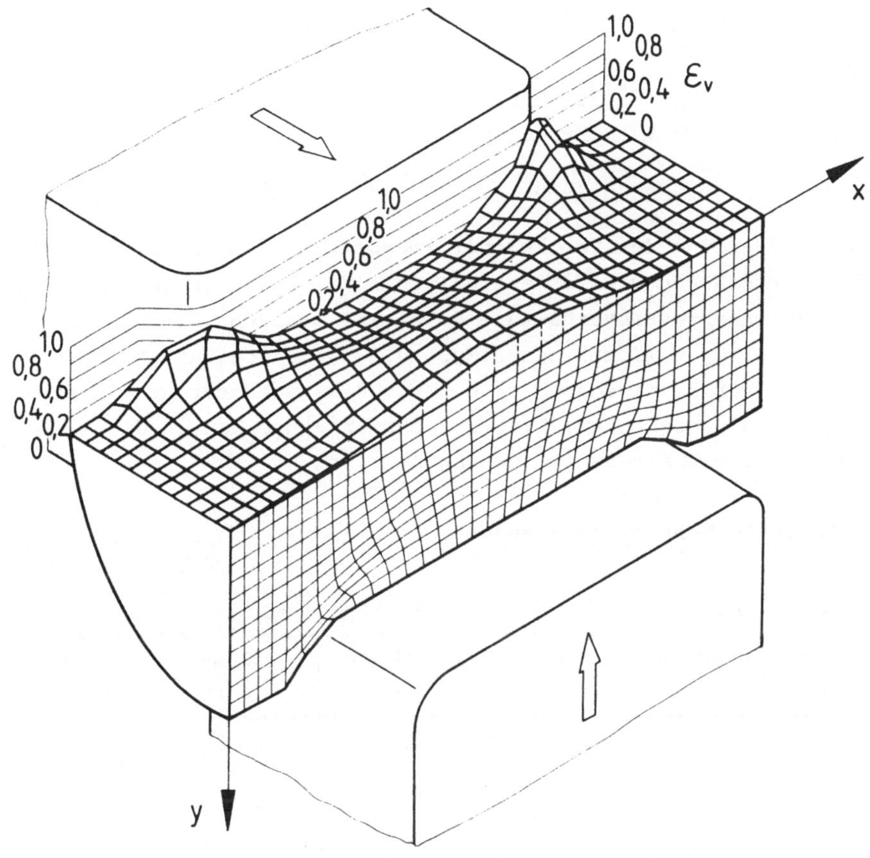

Bild 18: Vergleichsformänderungen beim Radialumformen
(H_o = 56 mm, l = 60 mm, R = 5 mm).

sächlich durch die o. g. Scherwirkung beim Eindringen der
Werkzeuge in den Werkstoff verursacht. Sie sind etwa 4,5 mal
größer als die makrogeometrisch ermittelte logarithmische
Eindringtiefe φ_h (= ln (H_o - 2 · $\Delta h/H_o$) $\approx$ 0,175). Der Bereich
unterhalb der Werkzeugmitte wird nahezu starr ins Werkstück
gedrückt. Ähnliche Bereiche werden beim axialsymmetrischen
Stauchen als 'Zonen behinderten Werkstoffflusses' bezeichnet
[40]. Im Bereich unterhalb der 'starren Zone' sind die ört-

lichen Vergleichsformänderungen ε_v etwa um den Faktor zwei
größer als ε_h.

3.3.4   **Einfluß der Verfahrensparameter auf die Verteilung**
                    der Vergleichsformänderungen

3.3.4.1   **Bißverhältnis**

Die Verteilung der Vergleichsformänderungen in radialumgeformten Werkstücken wird in erster Linie durch das in Abschnitt
3.1 definierte Bißverhältnis s_b beeinflußt. Deshalb wurden
Rohteile (H_o = 72 mm) aus AlMgSi 0,5 (weichgeglüht) mit An-
fangsbißverhältnissen s_{bo} = 0,3 ... 0,7 umgeformt und 'visioplastisch' untersucht. Die Versuchswerkzeuge hatten die in
Tabelle 1 enthaltenen Abmessungen.

Tabelle 1: Werkzeugabmessungen.

s_b =	0,3 ... 0,4	0,4 ... 0,5	0,5 ... 0,6	0,6 ... 0,7	0,7 ... 0,8
l =	29 mm	36 mm	44 mm	50 mm	60 mm
R =	3 mm	3 mm	4 mm	4 mm	5 mm

bei H_0 = 72 mm und   h = 6 mm

Auf Empfehlung von Zalesskij u. a. [41] wurden die Kantenra-
dien so gewählt, daß ein Verhältnis von Werkzeugradius R zu
Werkzeuglänge l von etwa 0,1 vorlag. Nach dieser Empfehlung
sollen beim Freiformschmieden die Radien 3 mm nicht unterschreiten um das Einschneiden der Werkzeuge in den Werkstoff
zu vermeiden.

Bild A 3 zeigt für die genannten Bißverhältnisse die Verteilung der Vergleichsformänderungen im Längsschnitt der untersuchten Teile.

Aus dieser Darstellung läßt sich entnehmen, daß die Verwen-
dung verschiedener Werkzeuggeometrien zu qualitativ ähnlichen

Ergebnissen führt. Die Vergleichsformänderungen nehmen jeweils
entlang der Kontaktfläche zwischen Werkzeug und Werkstück von
etwa 0,05 auf maximal 0,7 zu. Unterhalb der Werkzeugradien
treten die maximalen Vergleichsformänderungen auf (vgl. Bild
18, Abschnitt 3.3.3). In der Haftreibungszone unterhalb der
Werkzeugmitte findet dagegen keine nennenswerte Umformung
statt.

In Bild 19 sind die Begrenzungen der mit verschiedenen Bißverhältnissen erzielten Umformzonen gestrichelt eingezeichnet.
Dabei wurde folgende Vereinbarung getroffen, daß Gebiete, in
denen die örtlichen Vergleichsformänderungen die Schranke
ε_v = 0,05 unterschreiten, nicht zur Umformzone zugerechnet
werden. Ideal wäre, wenn der gesamte Bereich unterhalb der
Werkzeuge homogen umgeformt würde, d. h. wenn die örtlichen
Vergleichsformänderungen in diesem Bereich überall den makrogeometrisch ermittelten Umformgrad φ_h besäßen. Die gesamte
Fläche unter dem Werkzeug wäre die 'ideale Umformzone' A_{id}.

Bild 19 zeigt den dunkel unterlegten als 'wirkliche Umformzone' A_w bezeichneten Bereich, in dem die örtlichen Vergleichsformänderungen $\varepsilon_v \geq \varphi_h$ sind. In den weißen Bereichen erreichen die örtlichen Vergleichsformänderungen den makrogeome-
trisch bestimmten Umformgrad nicht, d. h. sie sind nach dieser
Betrachtungsweise unzureichend umgeformt.

Die Fläche A_w wurde ausplanimetriert und mit der Fläche A_{id}
ins Verhältnis gesetzt. Bild 20 zeigt den Zusammenhang vom
Verhältnis A_w/A_{id} und dem Anfangsbißverhältnis s_{bo}. Dieses
Verhältnis erreicht bei s_{bo} = 0,5 ein Maximum. Bei diesem Bißverhältnis sind in etwa 2/3 der betrachteten Fläche-unter den
Werkzeugen-die örtlichen Vergleichsformänderungen ε_v größer
als die logarithmische Eindringtiefe φ_h.

Beim Freiformschmieden werden u. a. als Kriterium zur Beurtei-
lung der Durchschmiedung die erreichten Formänderungen in der
Kernzone unter der Sattelmitte herangezogen [11]. Unterschrei-
ten diese Formänderungen bestimmte Grenzwerte, bezeichnet
Heil [23] die Durchschmiedung als 'unvollkommen'. Aus diesem
Grund wurde als weitere - wenn auch weniger aussagekräftigere -

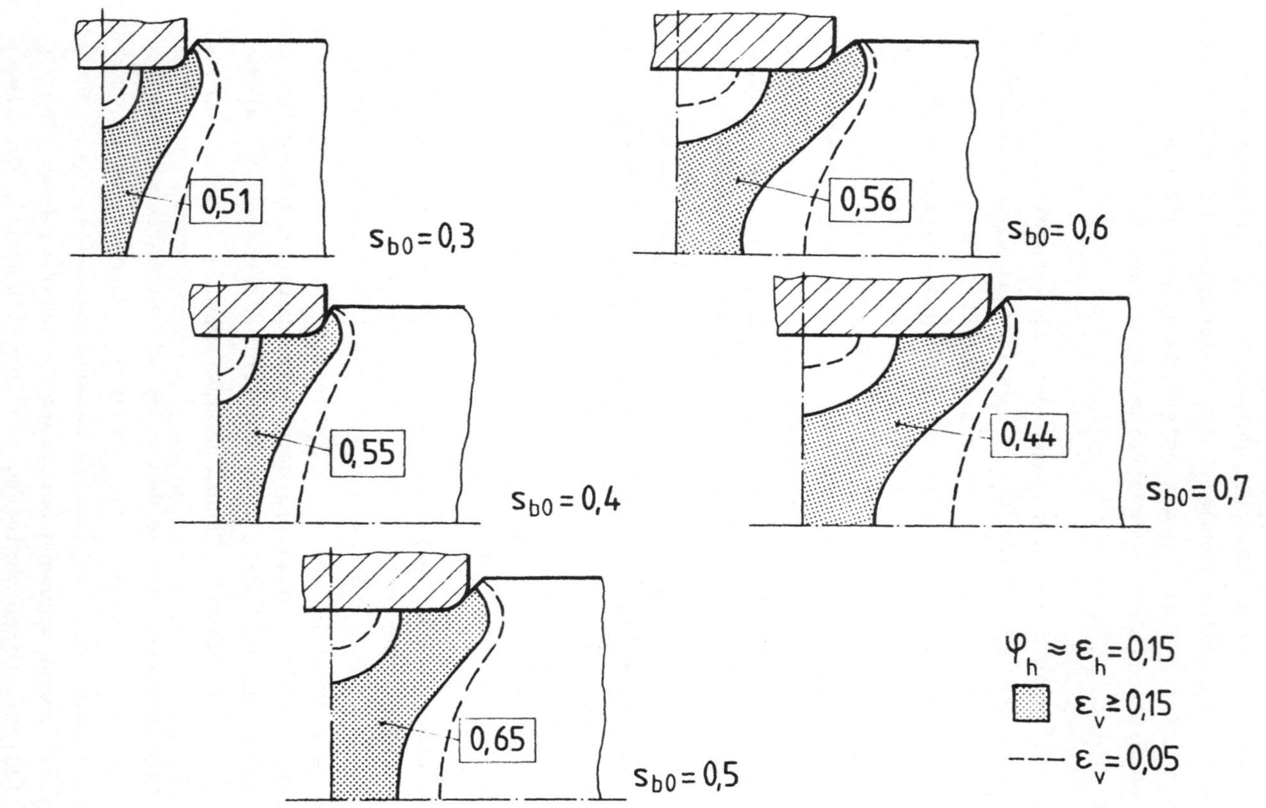

Bild 19: Umformzone in Abhängigkeit vom Anfangsbißverhältnis s_{bo}.

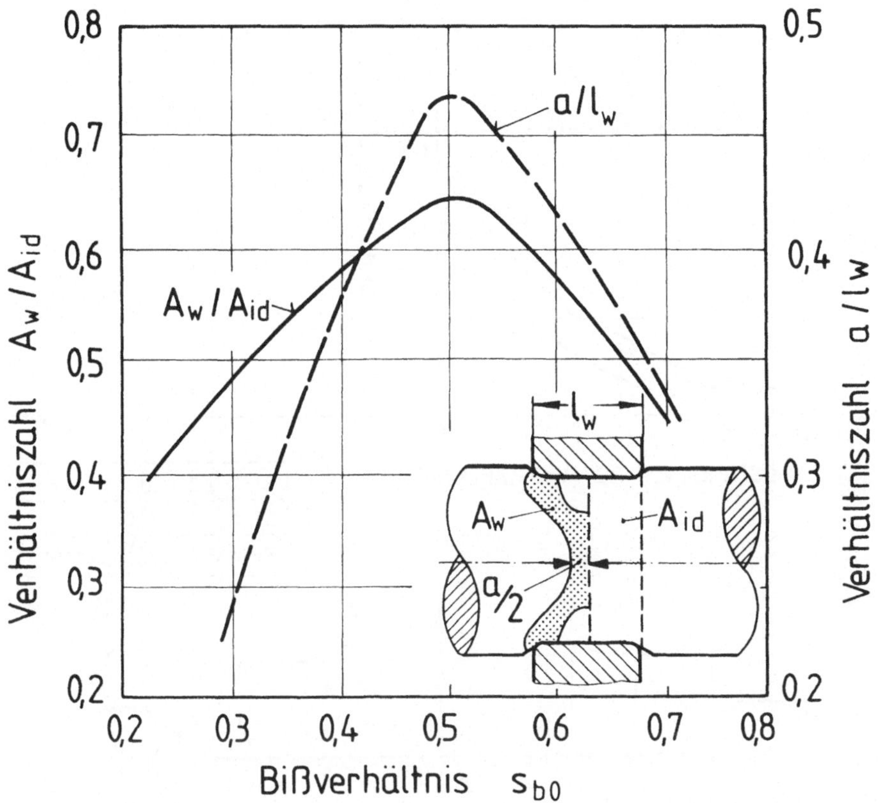

Bild 20: Verhältniszahl A_w/A_{id} in Abhängigkeit vom Anfangsbißverhältnis s_{bo}.

Vergleichsmöglichkeit der Längsachsenabschnitt a benützt, in
dem $\varepsilon_v > \varphi_h$ gilt. Die Länge a wurde mit der wirksamen Werkzeuglänge ins Verhältnis gesetzt und über dem Bißverhältnis
aufgetragen (Bild 20). Auch dieser Verlauf erreicht sein Maximum bei s_{bo} = 0,5. Bei diesem Bißverhältnis werden 47 % des
Längsachsenabschnittes, der sich zwischen den Werkzeugen befindet, ausreichend umgeformt.

Entlang der y- bzw. x-Achse entsprechen die örtlichen Ver-

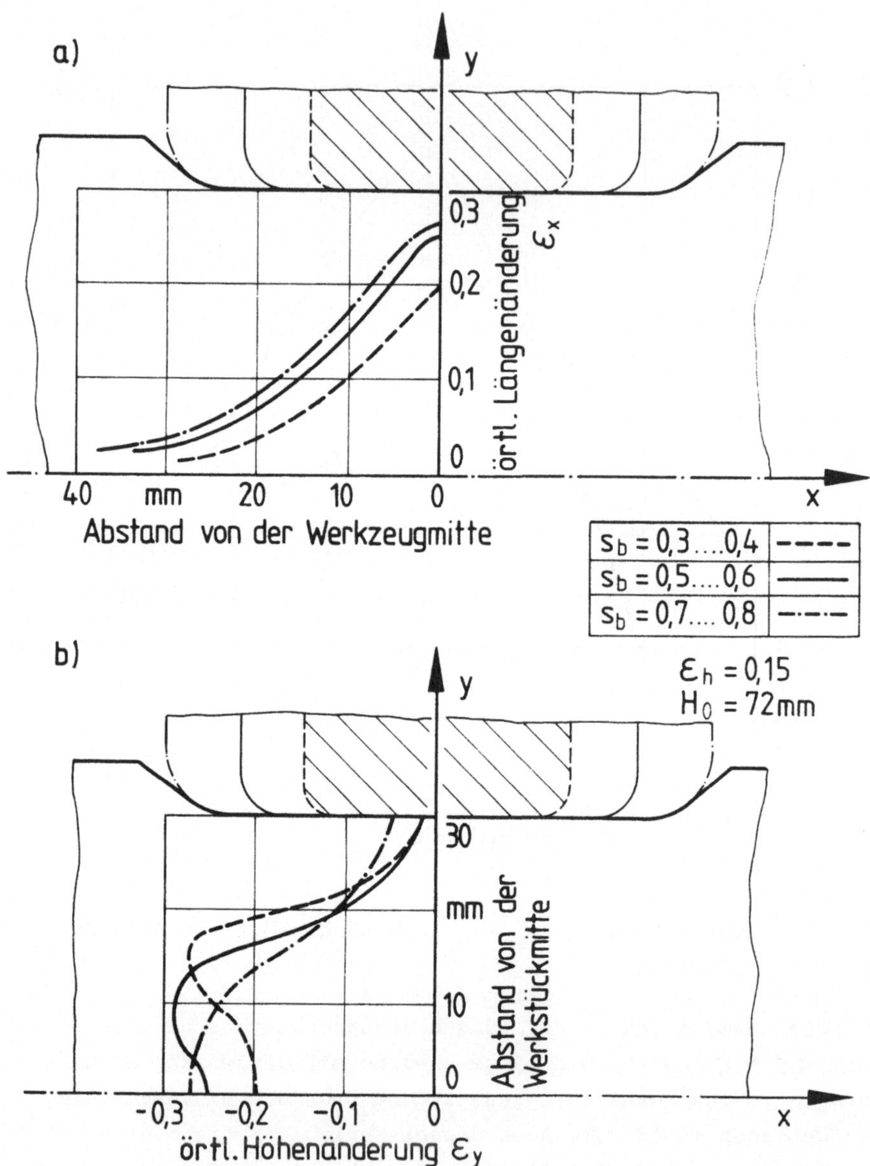

Bild 21: Verteilung der örtlichen Längenänderung ε_x bzw. Höhenänderung ε_y in Abhängigkeit vom Bißverhältnis.

gleichsformänderungen ε_v den örtlichen Höhenänderungen ε_y
bzw. Längenänderungen ε_x. Bild 21 a) zeigt die Verteilung der
örtlichen Längenänderungen ε_x entlang der Längsachse in Abhängigkeit vom Bißverhältnis s_b. Bei allen angewandten Bißverhältnissen wurde die Werkstücklängsachse (x-Achse) unterhalb
der Werkzeugmitte am stärksten gelängt.

Mit zunehmendem Bißverhältnis steigen die örtlichen Dehnungen
ε_x entlang der Längsachse. Dieses Phänomen läßt sich mit der
zunehmenden Werkstoffverdrängung erklären, d. h. mit steigen-
dem Bißverhältnis nimmt die Längung des umgeformten Werkstücks
insgesamt zu.

Bild 21 b) stellt die Verteilung der örtlichen Höhenänderungen
ε_y in der Verlängerung der Werkzeugsymmetrieachse (y-Achse)
dar. Der Bereich der y-Achse, der sich zwischen Werkstücklängsachse und Werkzeugfläche befindet, wird im folgenden als Hochachse bezeichnet. Im Bereich unterhalb der Werkzeugmitte wird
die Hochachse bei allen Bißverhältnissen nur in geringem Maße
gestaucht. Während bei kleinen Bißverhältnissen (s_{bo} = 0,3)
die Hochachse etwa in halber Höhe am stärksten gestaucht wird,
verschiebt sich dieses Maximum mit zunehmendem Bißverhältnis
in Richtung Längsachse (y = 0).

3.3.4.2 Relative Eindringtiefe

Neben dem Einfluß des Bißverhältnisses s_b auf die Verteilung
der Vergleichsformänderungen ist der Einfluß der Eindringtiefe Δh je Hub (bzw. der relativen Eindringtiefe ε_h) von
großer Bedeutung.

In Bild 22 ist mit Hilfe verschiedener Grautöne die Änderung
der ε_v-Verteilung im Probenlängsschnitt während eines Wirk-
hubs dargestellt.

Diese Probe (AlMgSi 0,5, weichgeglüht) wurde mit einem Anfangsbißverhältnis s_{bo} = 0,5 bis zu einer relativen Eindringtiefe
ε_h = 0,15 umgeformt. Am Beginn des Vorgangs (ε_h = 0,03)
treten nur unterhalb des Werkzeugradius bleibende Formänderun-

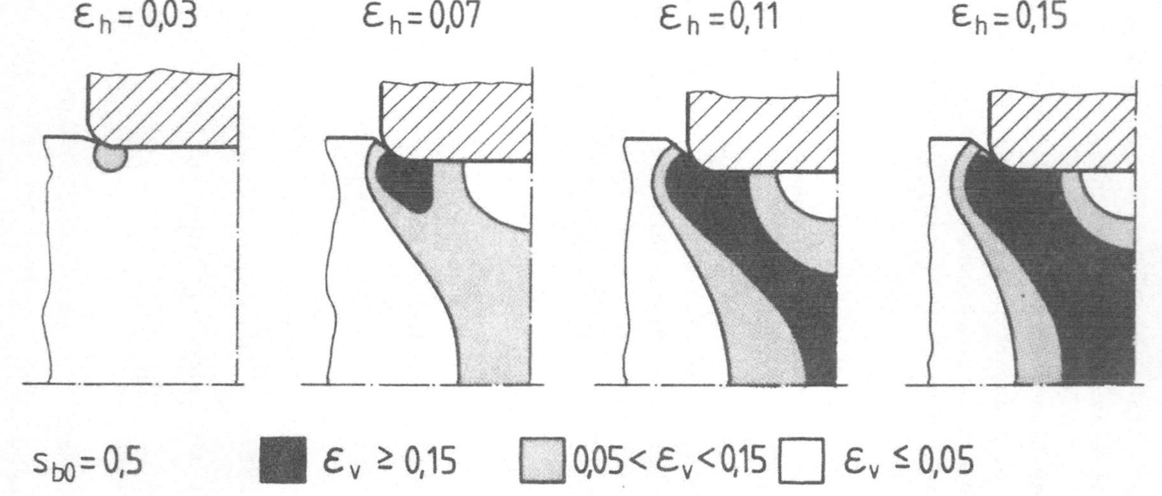

Bild 22: Einfluß der relativen Eindringtiefe ε_h auf die Verteilung der Vergleichsformänderungen ε_v beim Radialumformen.

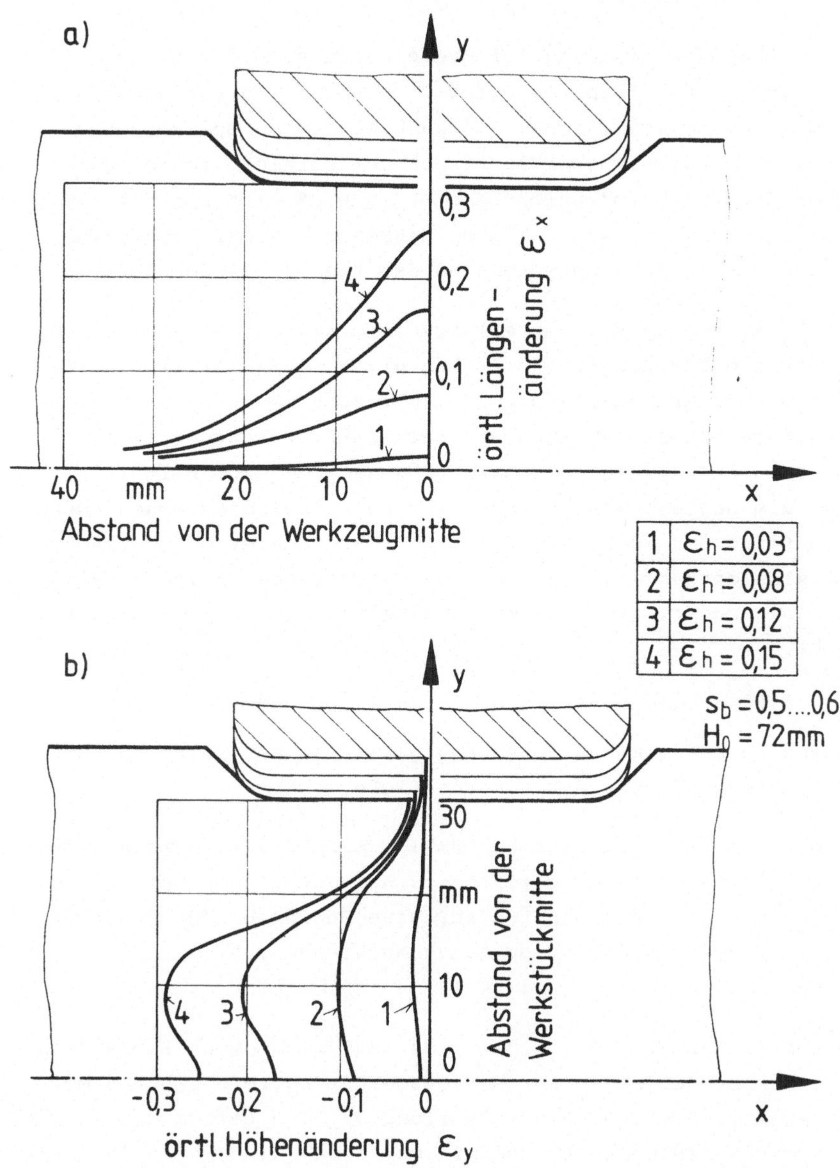

Bild 23: Verteilung der örtlichen Längenänderung ε_x bzw. Höhenänderung ε_y in Abhängigkeit von der relativen Eindringtiefe ε_h.

gen ε_v ($\approx 0,05$) auf.

Mit zunehmender Eindringtiefe vergrößert sich dieses Gebiet und erreicht die Lächsachse der Probe bzw. die Verlängerung der Werkzeugsymmetrieachse (Hochachse) rasch. Bei Vorgangsende (ε_h = 0,15) vergrößert sich der Bereich, in dem die örtlichen Vergleichsformänderungen $\varepsilon_v \geq 0,05$ sind, nur noch gering. Innerhalb dieses Gebietes nehmen die Vergleichsformänderungen ε_v jedoch entsprechend der Eindringtiefe Δh zu.

Bild 23 a) stellt die Verteilung der örtlichen Längenänderungen ε_x entlang der Längsachse (x-Achse) in Abhängigkeit von der relativen Eindringtiefe ε_h dar. Mit zunehmender Werkzeugeindringtiefe nehmen aufgrund der Werkstoffverdrängung (vgl. Abschnitt 3.3.4.1) die örtlichen Dehnungen ε_x zu. Bild 23 b) zeigt die ungleichmäßige Verteilung der örtlichen Höhenänderung ε_y entlang der Hochachse (y-Achse). Aus dieser Darstellung läßt sich entnehmen, daß die Höhe, in der die maximalen Stauchungen vorherrschen, während der Umformung nahezu konstant bleibt.

Bild 24 zeigt die Verteilung der örtlichen Längenänderung ε_x entlang der Längsachse in Abhängigkeit von der relativen Eindringtiefe ε_h (bzw. der Eindringtiefe Δh).

Auf der rechten Seite des Schaubilds sind die allgemein gültigen relativen Werte eingezeichnet. Auf der linken Seite sind als Beispiel die Koordinaten für eine Rundprobe (H_o = 100 mm) eingezeichnet, in die 60 mm lange Werkzeuge 7,5 mm tief eindringen sollen.

Aus dem linken Teil des Schaubilds läßt sich durch Projektion a entnehmen, daß bei einer Werkzeugeindringtiefe $\Delta h \approx 5$ mm, die maximale örtliche Längenänderung ε_x den Betrag des makrogeometrisch festgelegten Endumformgrads φ_h ($\approx \varepsilon_h$ = 0,15) erreicht. D. h., die in Abschnitt 3.3.4.1 mit A_w bezeichnete Umformzone erreicht die Werkstücklängsachse, nachdem die Werkzeuge etwa 5 mm in den Werkstoff eingedrungen sind.

Nach Beendigung des Arbeitshubs treten in einem ca. 30 mm lan

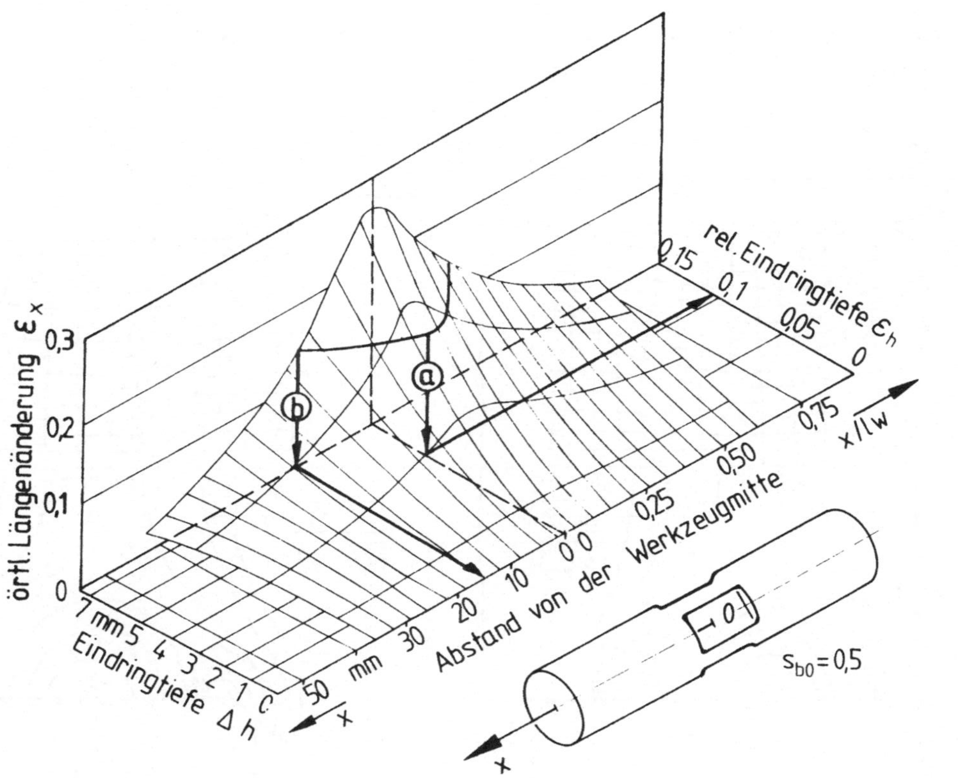

Bild 24: Verteilung der örtlichen Längenänderung ε_x entlang der Längsachse in Abhängigkeit von der Eindringtiefe Δh bzw. relativen Eindringtiefe ε_h.

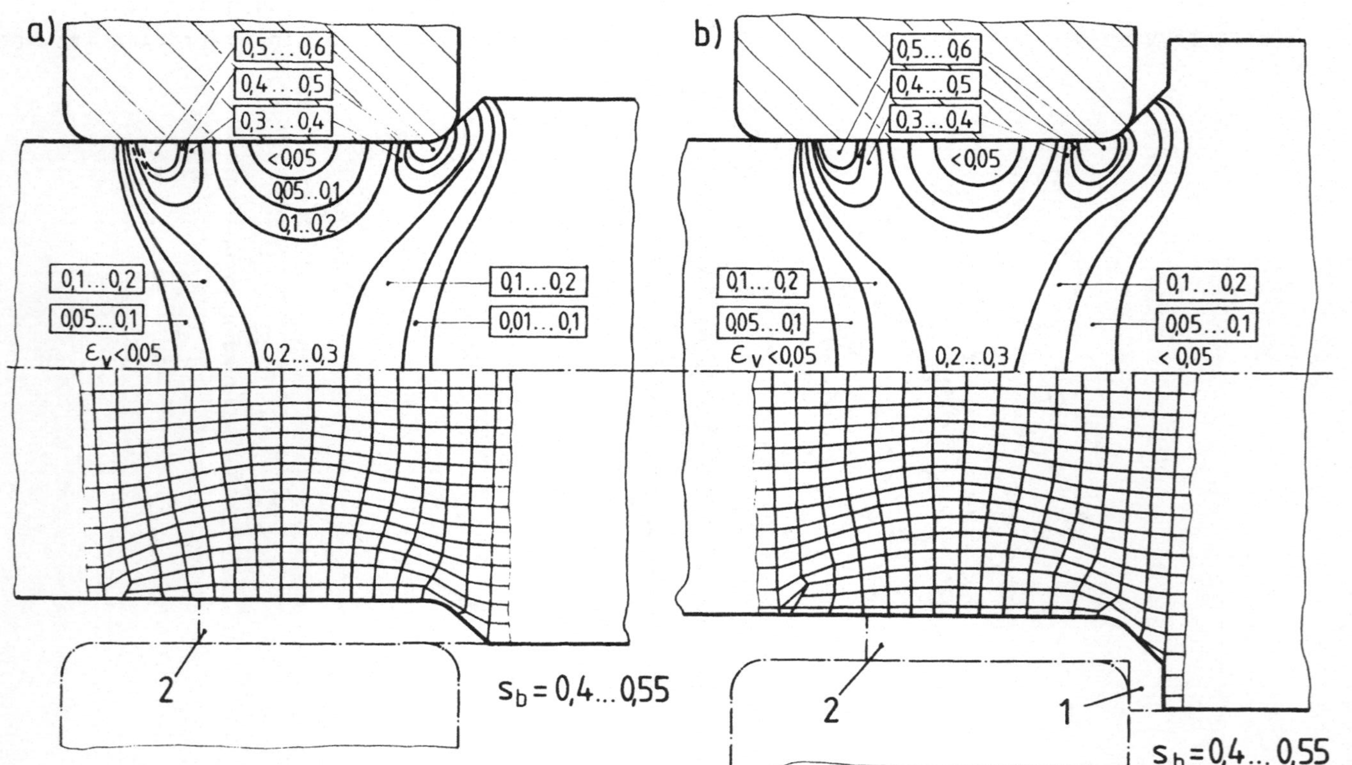

Bild 25: Einfluß der Werkstückkontur auf die Verteilung der Vergleichsformänderungen ε_v beim Radialumformen.

gen Abschnitt der Längsachse örtliche Dehnungen ε_x auf, die
den Betrag von φ_h erreichen bzw. überschreiten (Projektion b).
Dies bedeutet, daß - nach der in Abschnitt 3.3.4.1 durchgeführten Betrachtungsweise - 30 mm der Längsachse 'ausreichend' umgeformt wurden.

3.3.4.3 Werkstückkontur

Wie in Abschnitt 3.3.3 (Bild A 1) erwähnt, können während des Radialumformens verschiedene Werkstückkonturen auftreten. Bild 25 zeigt Verschiebungen und die Verteilung der Vergleichsformänderungen ε_v für verschiedene Werkstückkonturen, links die Kontur, die während des Werkzeugvorschubs entsteht, rechts die Kontur, die beim Fertigbearbeiten eines tieferliegenden Formelements entsteht. Wie aus den bisherigen Ergebnissen zu erwarten war, hat die Werkstückkontur keinen signifikanten Einfluß auf die Vergleichsformänderungsverteilung beim Radialumformen. Der Absatz 1 am Werkzeugradius (Bild 25 b), unten) liegt außerhalb des Wirkungsbereichs der Werkzeuge und wird 'starr' nach rechts verschoben. Der Werkstoff am Absatz 2 (Bild 25 a) und b), unten) wird in das Werkstück 'hineingedrückt', ohne daß sich die in diesem Bereich auftretenden örtlichen Vergleichtsformänderungen von denen im Bereich des Werkzeugradius unterscheiden.

Bild 26 zeigt die Verschiebungen, die bei der Bearbeitung des Werkstückendes auftreten. Diese Darstellung verdeutlicht, daß der 2. Arbeitshub bei den gewählten Umformbedingungen einen sog. 'Kerneinzug' zur Folge hat, d. h. die Mantelzone eilt der Kernzone voraus.

Der Kerneinzug resultiert einerseits aus der fehlenden Tiefenwirkung des kleinen (mit 2 bezeichneten) Bisses und andererseits aus der fehlenden werkstoffseitigen Stützwirkung an der Werkstückstirnfläche.

Durch geeignete Wahl des Bißverhältnisses läßt sich dieser Kerneinzug reduzieren bzw. vermeiden (siehe Bild 27, oben).

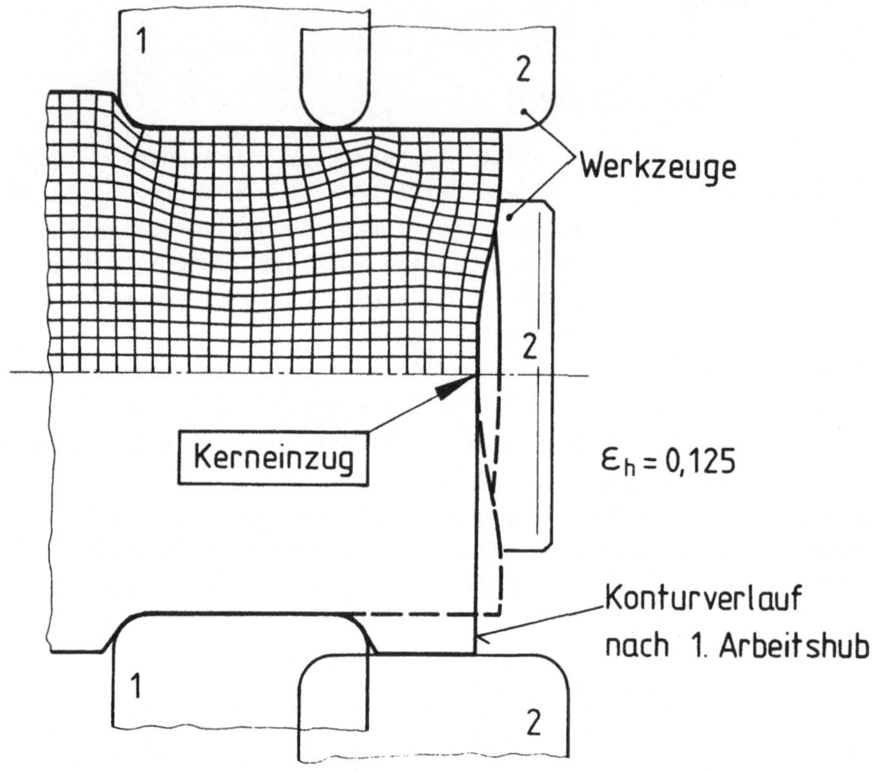

Bild 26: Verschiebungen beim Bearbeiten des Werkstückendes.

3.3.4.4   Bearbeitungsfolge

Zur Verbesserung der mechanischen Eigenschaften umgeformter
Werkstücke ist besonders bei nachfolgender dynamischer Bean-
spruchung eine gleichmäßige Verfestigung im gesamten Werk-
stück wünschenswert. Wie schon erwähnt, setzt sich die gesamte
Umformung beim Radialumformen aus einer Vielzahl einzelner
Umformvorgänge zusammen.

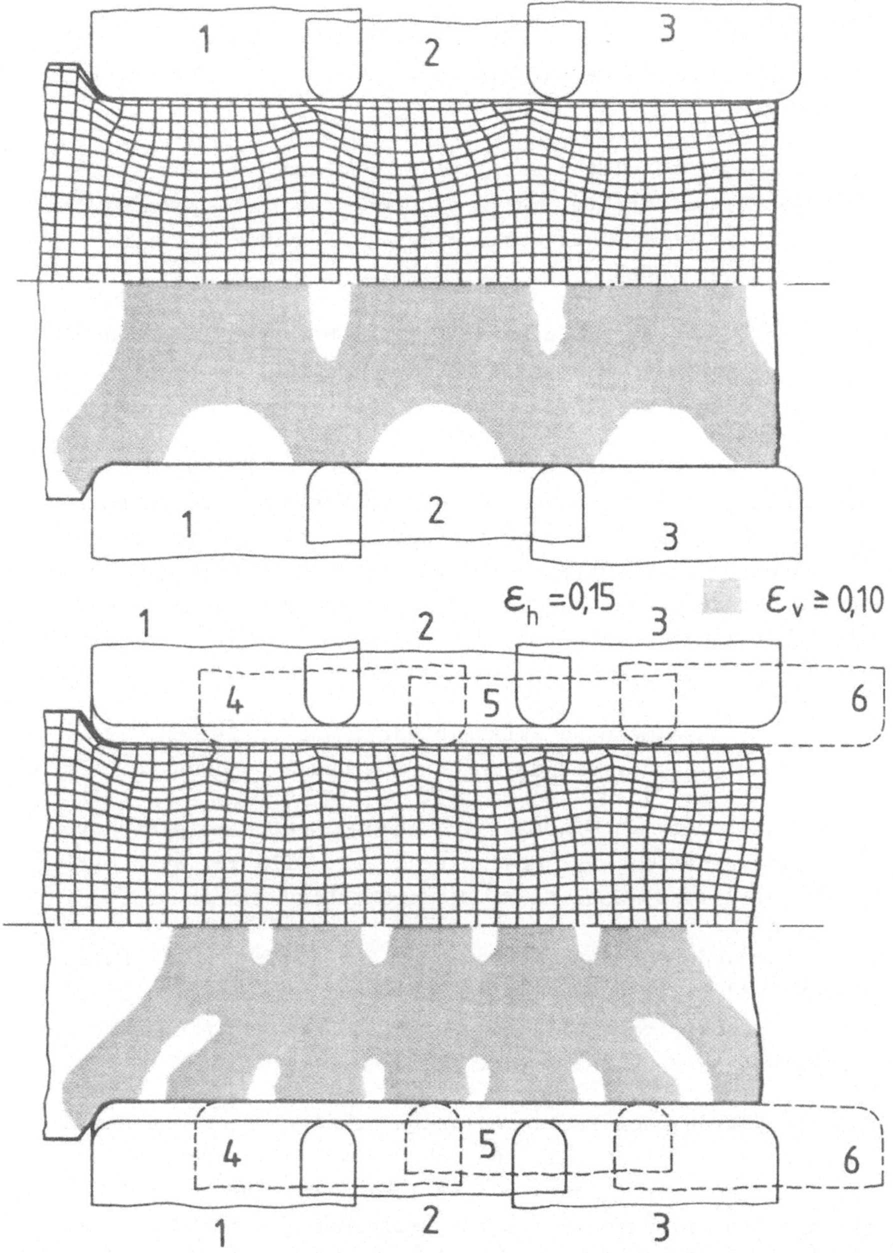

Bild 27: Einfluß der Bearbeitungsfolge auf die Verteilung der Vergleichsformänderungen ε_v beim Radialumformen.

Die Umformung eines Rohteils zum 'Fertigteil' (Vorform zur
spanenden Fertigbearbeitung) kann durch verschiedene Bearbei-
tungsfolgen verwirklicht werden. Bild 27 stellt den Einfluß
der Bearbeitungsfolge auf die Vergleichsformänderungsverteilung dar.

Beim oben dargestellten Beispiel dringt das Werkzeug mit der
gesamten Eindringtiefe Δh in das Werkstück ein. Nachdem das
Werkstück um etwa eine Werkzeuglänge verschoben wurde wieder-
holt sich der Vorgang usw.

Im unten gezeigten Beispiel dringt das Werkzeug im ersten
Durchlauf nur halb ein und wird beim zweiten Durchlauf - dem
Überschmieden - um eine Werkzeughälfte versetzt.

Die untere Version zeigt bis auf den Bereich Stirnfläche -
Mittelachse eine homogenere Vergleichsformänderungsverteilung.
Im Bereich Stirnfläche wird die Kernzone nicht ausreichend
umgeformt. Dies liegt an der unzureichenden Tiefenwirkung des
letzten - mit 6 bezeichneten - Bisses und hat einen Kerneinzug zur Folge.

3.4   Zusammenhang zwischen Härte und örtlichen Vergleichsformänderungen beim Radialumformen

Beim Radialumformen sind infolge inhomogener Vergleichsformänderungsverteilung (s. Abschnitt 3.3.3, Bild 18) auch örtlich
unterschiedliche mechanische Eigenschaften zu erwarten.

Für verschiedene Umformverfahren (z. B. Voll-Vorwärts-Fließ-
pressen [39, 42]) wurde nachgewiesen, daß in einem relativ
engen Streubereich eine Zuordnung zwischen Vergleichsformänderung und Härte erlaubt ist.

Die Abschätzung der Festigkeitseigenschaften über die Härte-
ausbildung bietet für die Analyse des Radialumformvorgangs
bzw. für das - in Planung befindliche - inkrementelle Schmieden nichtrotationssymmetrischer Teile ein einfaches und zeit-
sparendes Hilfsmittel.

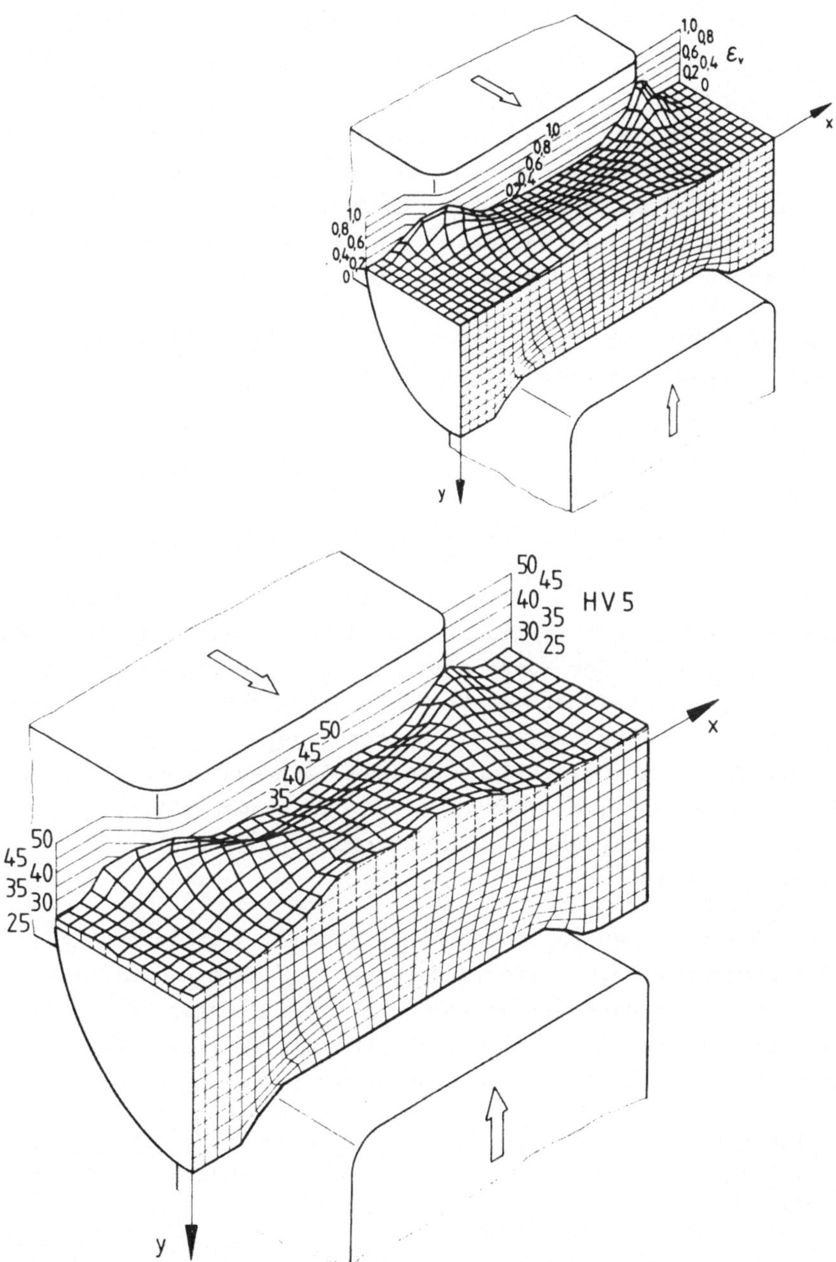

Bild 28: Härteverteilung nach dem Radialumformvorgang
(H_O = 56 mm, l = 60 mm, R = 5 mm).

Für die Härtemessungen nach Vickers (HV 5, Prüflast 50 N)
wurde die zur visioplastischen Untersuchung verwendete und in
Abschnitt 3.3.3 beschriebene Probe aus Al 99,5 benützt. Die
Härte wurde in den Schwerpunkten der - durch die verzerrten
Netzlinien begrenzten - Flächenelemente gemessen und mit Rech-
nerunterstützung auf die Knotenpunkte des verzerrten Netzes
interpoliert, um eine direkte Zuordnung zwischen den in Bild
18 (Abschnitt 3.3.3) dargestellten Vergleichsformänderungen
und den ermittelten Härtewerten zu ermöglichen.

Bild 28 zeigt die Verteilung der Vickershärte (HV 5) über dem
Längsschnitt dieser radialumgeformten Probe.

Aus Symmetriegründen wurde nur ein Probenviertel mit zwei im
Eingriff befindlichen Werkzeugen dargestellt. Zur besseren Ver-
gleichsmöglichkeit wurde der Härteverteilung in Bild 28 die
Verteilung der Vergleichsformänderungen gegenübergestellt.

Die Flächenausbildung zeigt für beide Fälle eine ähnliche
Charakteristik. Die Maxima in der Härteverteilung treten ebenfalls unterhalb der Werkzeugradien auf. Sie sind aber weniger
ausgeprägt als bei der ε_v-Verteilung. Daraus folgt, daß sich
mit zunehmender Umformung die Härtesteigerung, d. h. die Zunah-
me der Verfestigung, verlangsamt. Im 'starren' Bereich fallen
die Härtewerte - wie erwartet - auf die Ausgangshärte 26,5
HV 5 ab, die die Probe vor der Umformung im gesamten Längsschnitt aufwies.

Bild 29 stellt den Zusammenhang zwischen den örtlichen Härten
HV 5 und der Vergleichsformänderungen ε_v beim Radialumformen
dar. In dieser Darstellung sind nicht die Meßwerte eingezeichnet, sondern nur der (Streu-)Bereich, in dem diese Werte liegen.

Es lag nahe, die Abhängigkeit der Härte HV 5 von der Vergleichsformänderung analytisch zu erfassen. Durch Ausgleichs-
rechnung ergab sich folgende Beziehung:

$$VH \text{ (HV 5)} = 42 \cdot \varepsilon_v^{\,0,1211} \tag{8}$$

$$(VH = Vickershärte)$$

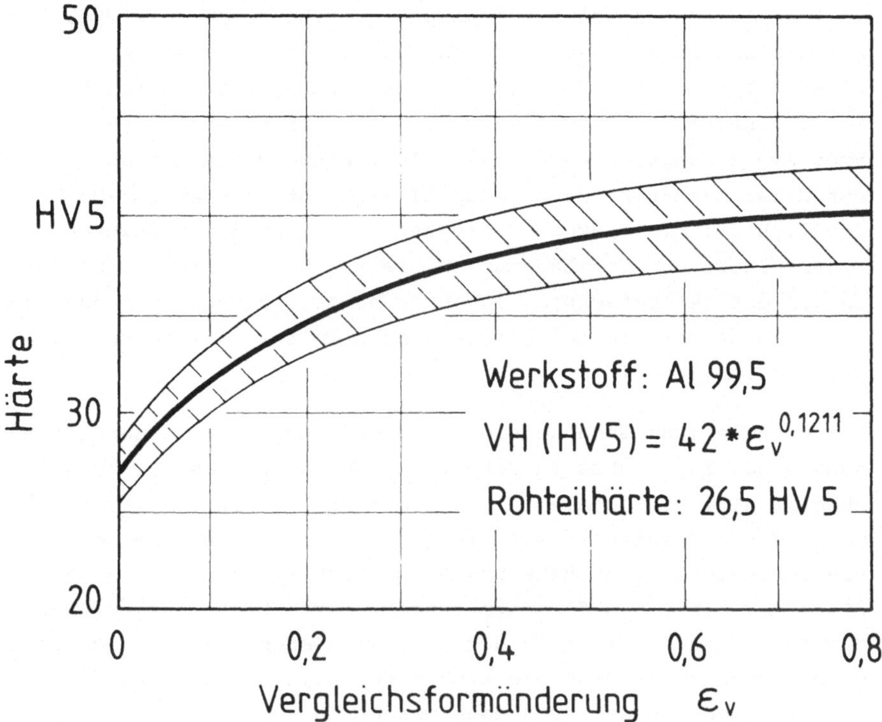

$$VH\,(HV5) = 42 * \varepsilon_v^{0,1211}$$

Bild 29: Abhängigkeit der örtlichen Härte HV 5 von der Vergleichsformänderung ε_v beim Radialumformen.

Diese Beziehung wird durch die durchgezogene Kurve innerhalb
des Streubereichs dargestellt.

Infolge des relativ ausgeprägten Streubereichs und der Abfla-
chung der Kurve mit zunehmenden Vergleichsformänderungen sind
anhand von Härtemessungen nur näherungsweise Aussagen über
mechanische Eigenschaften in radialumgeformten Teilen möglich.

3.5   <u>Untersuchungen mit der Methode der Finiten Elemente</u>

Die Methode der Finiten Elemente wurde ursprünglich zur Festig-
keitsberechnung elastisch beanspruchter Bauteile entwickelt.
Mit der Entwicklung leistungsfähiger Rechenanlagen konnte sich
dieses Verfahren in der Praxis durchsetzen, wobei durch eine
konsequente Weiterentwicklung auch elastisch-plastische
Probleme zugänglich wurden [43, 44]. Während die Aufgaben
der Elastomechanik infolge des linearen Stoffgesetzes (Hooke)
förmlich auf die FE-Methode zugeschnitten sind, erschweren
große plastische Formänderungen die Anwendung der FEM auf Verfahren der Umformtechnik. In jüngerer Zeit konnte sich jedoch
die Methode der Finiten Elemente auch in der Plastomechanik
durchsetzen [45, 46].

Der grundlegende Gedanke dieser Methode basiert auf der Zerle-
gung eines Kontinuums in eine endliche Anzahl von Teilberei-
chen (Finite Elemente). In jedem dieser Teilbereiche wird der
Verlauf von Spannungen bzw. Verschiebungen durch eine Reihe
von Ansatzfunktionen näherungsweise beschrieben. Die Verknüpfung der einzelnen Elemente erfolgt durch Knotenpunkte. Bei
der Anwendung der Methode der Finiten Elemente zur Berechnung
umformtechnischer Probleme kann hinsichtlich des verwendeten
Werkstoffmodells unterschieden werden in

- Verfahren mit elastisch-plastischem Stoffgesetz
  (nach Prandtl/Reuss) und

- Verfahren mit starr-plastischem Stoffgesetz (nach
  v. Mises).

Im Rahmen der vorliegenden Arbeit wurde das starr-plastische
Werkstoffmodell angewendet, da beim Radialumformen die elasti-
schen Formänderungen gegenüber den plastischen Formänderungen
klein sind und somit vernachlässigt werden können.

Ausgehend von der v. Misesschen Theorie lassen sich Extremal-
aussagen für die Umformleistung ableiten, die als obere und
untere Schranke bekannt sind. In dieser Arbeit wird das Verfahren der oberen Schranke angewendet, das bei der Methode
der Finiten Elemente bevorzugt eingesetzt wird.

Das Extremalprinzip der oberen Schranke besagt, daß von allen
kinematisch zulässigen Geschwindigkeitsfeldern, die die In-
kompressibilitätsbedingung sowie die Geschwindigkeitsrandbe-
dingungen an der Oberfläche erfüllen, das exakte Geschwindigkeitsfeld das Funktional

$$\pi' = \int_V \sigma_{ij} \cdot \dot{\varepsilon}_{ij} \, dV - \int_S n_i \sigma_{ij} v_j \, dS \tag{9}$$

zu einem Minimum macht [47].

Nach Abspaltung des hydrostatischen Anteils von σ_{ij} läßt sich
das Funktional auch schreiben als

$$\pi' = \int_V \sigma_{ij} \cdot \dot{\varepsilon}_{ij} \, dV + \int_V \sigma_m \cdot \dot{\varepsilon}_{ii} \, dV - \int_S n_i \sigma_{ij} v_j \, dS. \tag{10}$$

Das gesuchte Geschwindigkeitsfeld wird, ausgehend von einem
angenommenen Geschwindigkeitsfeld, das sowohl die Inkompressi-
bilitätsbedingung als auch die Randbedingungen erfüllt, itera-
tiv ermittelt. Eine detaillierte Beschreibung dieses Verfahrens kann aus [47 bis 49] entnommen werden.

Für die Durchführung der FEM-Analyse stand ein von Roll am
Institut für Umformtechnik der Universität Stuttgart entwickel-
tes Programm zur Berechnung instationärer Umformvorgänge zur
Verfügung. In [47] ist dieses Rechenprogramm ausführlich dargestellt.

Dieses Programm wurde mit Hilfe der in Abschnitt 3.3 gewonnenen Ergebnisse modifiziert und ermöglicht die Berechnung des
Radialumformvorgangs, dem der ebene Formänderungszustand und
dreidimensionale Spannungszustand zugrundegelegt wird.

Im folgenden soll auf die Behandlung starrer Gebiete eingegangen werden. Da das in Gl. (10) formulierte Funktional
der oberen Schranke nur für plastische Gebiete gilt, muß die
verwendete Berechnungsmethode in der Lage sein, während des
Iterationsvorgangs starre Gebiete zu erkennen und von den
plastischen Gebieten zu unterscheiden. Da aus numerischen
Gründen eine exakte Ermittlung der starren Gebiete mit $\dot{\varepsilon}_v = 0$

nicht durchführbar ist, wird eine Schranke eingeführt, die
sich aus der bezogenen mittleren Vergleichsformänderungsgeschwindigkeit

$$\dot{\varepsilon}_{vg} = \frac{1}{V} \int_V \dot{\varepsilon}_v \, dV \qquad (11)$$

berechnen läßt:

Für die Unterscheidung in starre und plastische Gebiete gilt
folgende Vereinbarung [47]

starr: $\qquad \dot{\varepsilon}_v < 10^{-3} \, \dot{\varepsilon}_{vg}$

plastisch: $\qquad \dot{\varepsilon}_v > 10^{-3} \, \dot{\varepsilon}_{vg}$.

Anhand der eingeführten Schranke ist eine problemlose Trennung
in starre und plastische Gebiete möglich, wobei jedoch beachtet werden muß, daß die in den starren Gebieten berechneten
Spannungen nicht exakt sind.

3.5.1   <u>Diskretisierung des Grundgebiets</u>

Als erster Schritt bei der Lösung eines Problems mit Hilfe der
Methode der Finiten Elemente wird das betrachtete Kontinuum
diskretisiert, d. h. das Grundgebiet wird in einfache Teilge-
biete, die Elemente, zerlegt.

Das im Rahmen dieser Arbeit benutzte FEM-Programm stellt zwei
Elemente zur Auswahl:

- das Dreieckselement mit drei Knotenpunkten
- das Viereckelement mit vier Knotenpunkten

Wegen der größeren Genauigkeit des bilinearen Ansatzes [50]
wurde das isoparametrische Viereckelement als Standardelement
zur Diskretisierung verwendet.

Unter Ausnutzung der Symmetrieeigenschaften des Radialumformvorgangs ist es möglich, nur ein Viertel der an der Umformung
beteiligten Fläche zu betrachten (Bild 11 - schraffierte Flä-

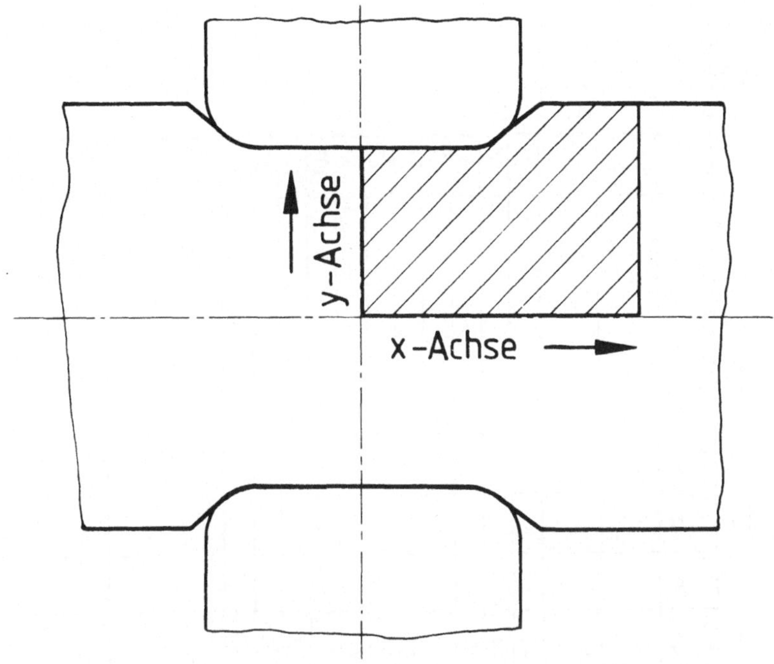

Bild 30: Ausnutzung der Symmetrieeigenschaften bei der Diskretisierung des Grundgebietes.

che). Bedingt durch die begrenzte Kernspeicherkapazität der
Rechenanlagen war es notwendig, die Zahl der Elemente auf
maximal 144 zu begrenzen.

Unter Berücksichtigung dieser Beschränkung mußten vor allem
bei der Zugrundelegung größerer Werkzeuglängen gewisse Ab-
striche hinsichtlich der Feinheit der Diskretisierung gemacht
werden. Das Problem wurde so gelöst, daß in Gebieten großer
zu erwartender Umformgeschwindigkeiten ein 'feineres' und in
nahezu starren Gebieten ein 'gröberes' Netz gewählt wurde.
Bild 31 zeigt als Beispiel die Diskretisierung des Grundgebietes eines 72 mm hohen Werkstückes, das mit einem 60 mm
langen Werkzeug (R = 5 mm) umgeformt werden soll.

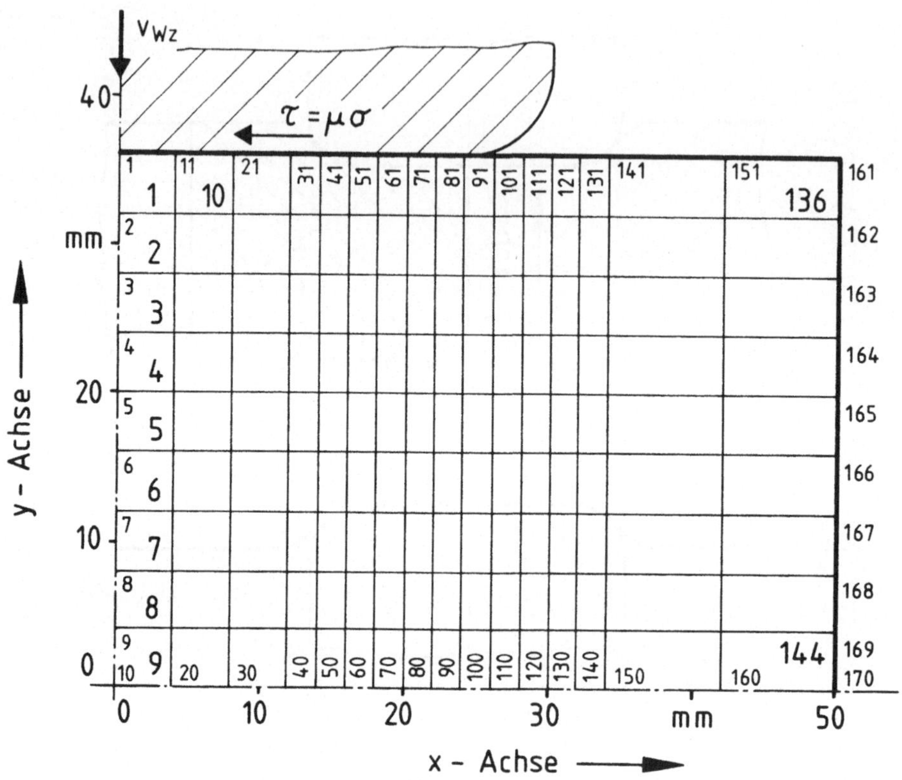

Bild 31: Diskretisierung des Grundgebiets (Beispiel) - Numerierung der Elemente und Knotenpunkte.

Die zum erfolgreichen Rechenlauf notwendigen Datensätze enthalten die Diskretisierung des Grundgebietes, die Werkzeuggeometrie und -geschwindigkeit, Randbedingungen (Freiheitsgrade), Werkstoffdaten (Fließkurve), Konvergenzschranken usw. Zur Festlegung der Randbedingungen wurden hauptsächlich Erkenntnisse aus den visioplastischen Untersuchungen (s. Abschnitt 3.3) herangezogen.

Zur zeitsparenden und optimalen Diskretisierung des Grundgebietes wurde ein Rechenprogramm erstellt, um die notwendigen

Daten automatisch zu generieren, mit Hilfe eines graphischen
Bildschirms zu überprüfen und anschließend auf Lochkarten zu
stanzen.

3.5.2 Einfluß von Verfahrensparametern auf den Formänderungs- und Spannungszustand beim Radialumformen

In Abschnitt 3.3 wurde mit Hilfe der Visioplasticity der Einfluß relevanter Verfahrensparameter (z. B. s_b, ε_h) auf den
Formänderungszustand im Längsschnitt radialumgeformter Teile
untersucht. Grundsätzlich ist die Ermittlung des Spannungszu-
stands und somit des zur Umformung notwendigen Kraftbedarfs
auf der Grundlage der Visioplasticity möglich [38].

Der experimentelle Aufwand wäre aber u. a. aufgrund des instationären Umformcharakters des Radialumformvorgangs unverhältnismäßig hoch, so daß im Rahmen dieser Arbeit zur Spannungser-
mittlung auf die Methode der Finiten Elemente zurückgegriffen
wurde.

In den folgenden Abschnitten soll der Einfluß von Bißverhältnis
und Eindringtiefe auf den Spannungs- und Formänderungszustand
beim Radialumformvorgang untersucht werden.

3.5.2.1 Bißverhältnis

Zur Ermittlung der Auswirkung verschiedener Bißverhältnisse
auf den Spannungszustand wurde die Werkzeuggeometrie - ähnlich
der visioplastischen Untersuchung (Abschnitt 3.3.4.1, Tabelle
1) - variiert.

Bei den der Berechnung zugrunde gelegten Werkstücken wurde von
einer Ausgangshöhe $H_o = 72$ mm und dem Werkstoff AlMgSi 0,5
(weichgeglüht) ausgegangen. Die Fließkurve (Bild A 1) wurde
durch den Rheile-Ansatz

$$k_f = C \cdot \varphi^n = 181 \cdot \varphi^{0,0789} \quad (k_{fo} = 125 \text{ N/mm}^2)$$

beschrieben.

Als Werkzeuggeschwindigkeit wurde die normierte Geschwindigkeit $|v_{Wz}| = 1$ mm/s gewählt, die in Verbindung mit Zeitschritten der Größe $t = 0,2$ s zu einer 'schrittweisen Stauchung' des Werkstücks von $\Delta y = -0,2$ mm führt. Nach Erreichen der vorgegebenen Eindringtiefe $\Delta h = 6$ mm bzw. der relativen Eindringtiefe $\varepsilon_h = 0,166$ ($\hat{=}$ $\varphi_h = 0,182$) wurde die Berechnung abgebrochen.

Die Reibschubspannung τ_R (Bild 31) an der Werkzeugfläche wurde als Coulombsche Reibung entsprechend

$$\tau_R = \mu \cdot \sigma_n$$

mit $\mu = 0,08$ berücksichtigt.

Bild 32 bis 37 zeigen die verzerrten Idealisierungen, Geschwindigkeitsfelder, Vergleichsformänderungsgeschwindigkeiten und Spannungen beim Radialumformen für die zur Darstellung ausgewählten Bißverhältnisse $s_{bo} = 0,3$ und $0,7$. Die Höhenreduzierung betrug jeweils 16,7 %. Alle Darstellungen sind aufgrund des instationären Umformcharakters des Radialumformvorgangs als Momentaufnahme zu betrachten.

Die Verschiebungen (Bild 32) und Geschwindigkeitsfelder (Bild 33) zeigen eine qualitativ gute Übereinstimmung mit den in den Abschnitten 3.3.1 und 3.3.2 ermittelten Ergebnissen.

Die Flächenelemente werden unmittelbar unterhalb der Werkzeugradien infolge der Scherwirkung am 'stärksten' verzerrt, während sie direkt unterhalb der Werkzeugmitte und rechts vom Werkzeug keine sichtbaren Deformationen erfahren. Die Geschwindigkeitsvektoren klappen aus vertikaler Richtung unterhalb des Werkzeugs in eine horizontale Richtung um. Im Bereich rechts vom Werkzeug weisen die Vektoren den gleichen Betrag und die gleiche Richtung auf, d. h. dieser Bereich wird starr in x-Richtung verschoben.

Die Maxima der Vergleichsformänderungsgeschwindigkeiten (Bild 34) und Vergleichsspannungen (Bild 35) treten erwartungsgemäß unmittelbar unterhalb der Werkzeugradien auf.

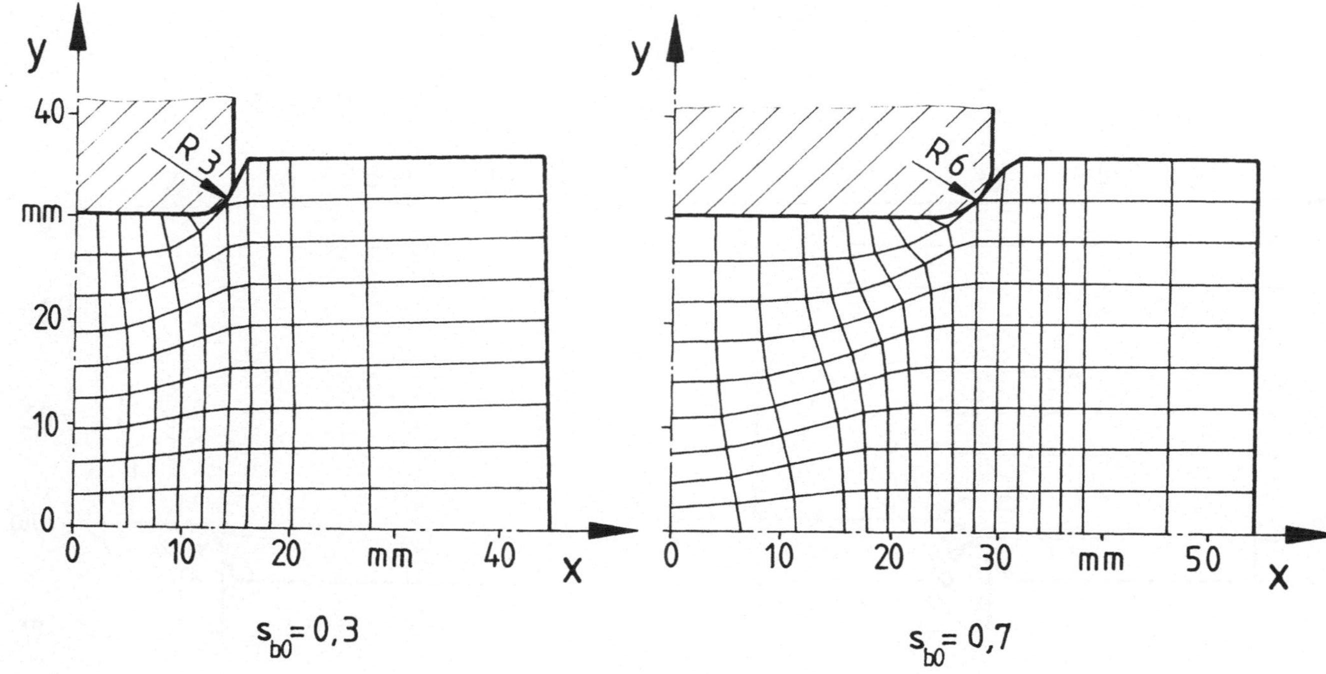

Bild 32: Verschiebungen beim Radialumformen in Abhängigkeit vom Bißverhältnis.

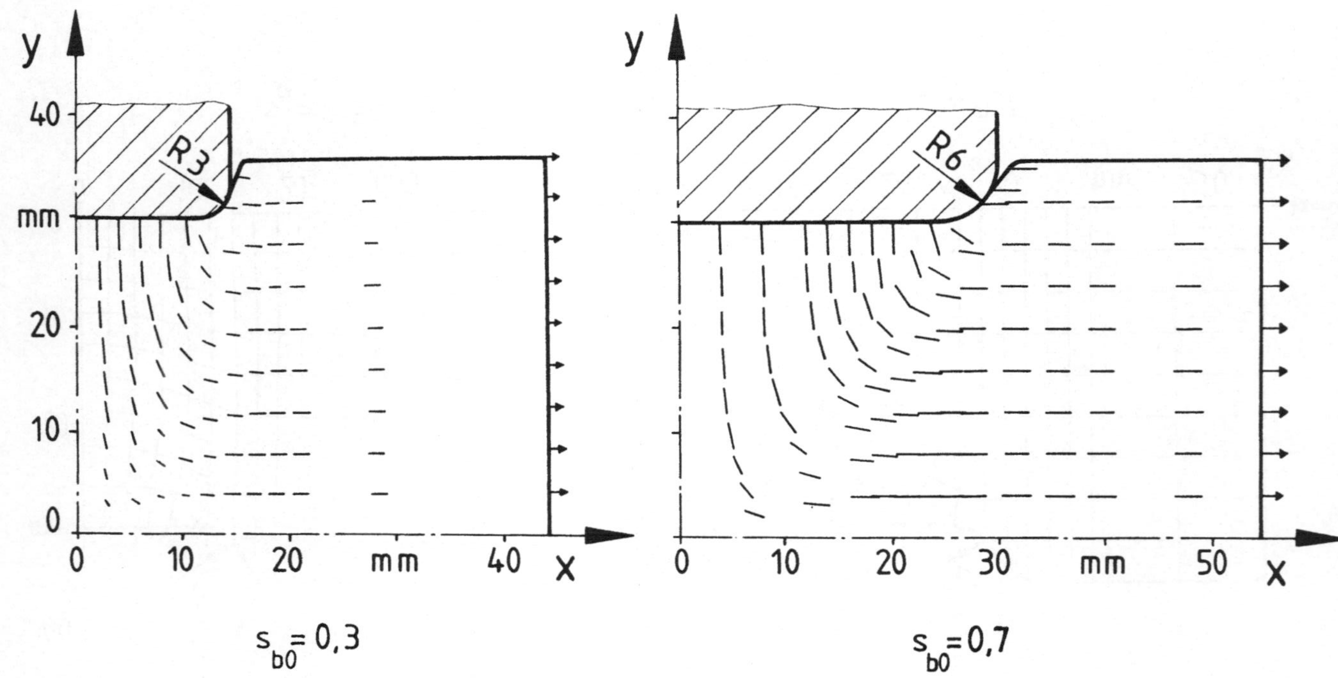

Bild 33: Geschwindigkeitsfelder beim Radialumformen in Abhängigkeit vom Bißverhältnis.

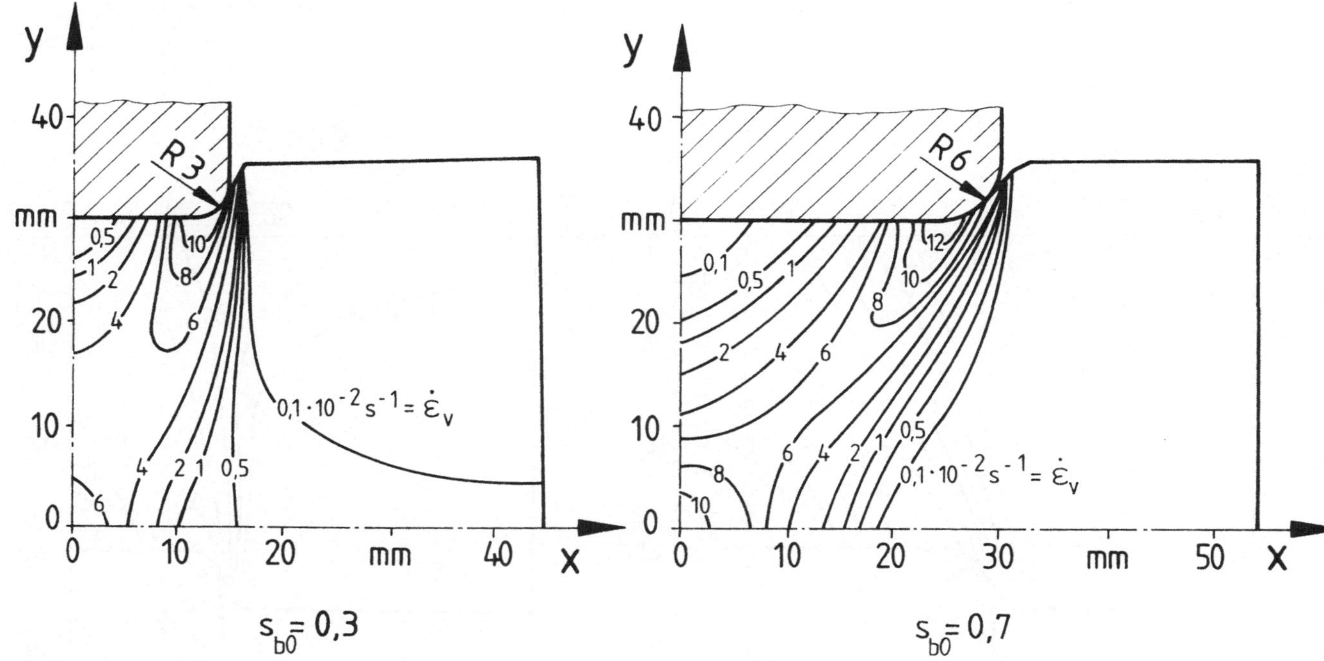

Bild 34: Verteilung der Vergleichsformänderungsgeschwindigkeiten beim Radialumformen in Abhängigkeit vom Bißverhältnis.

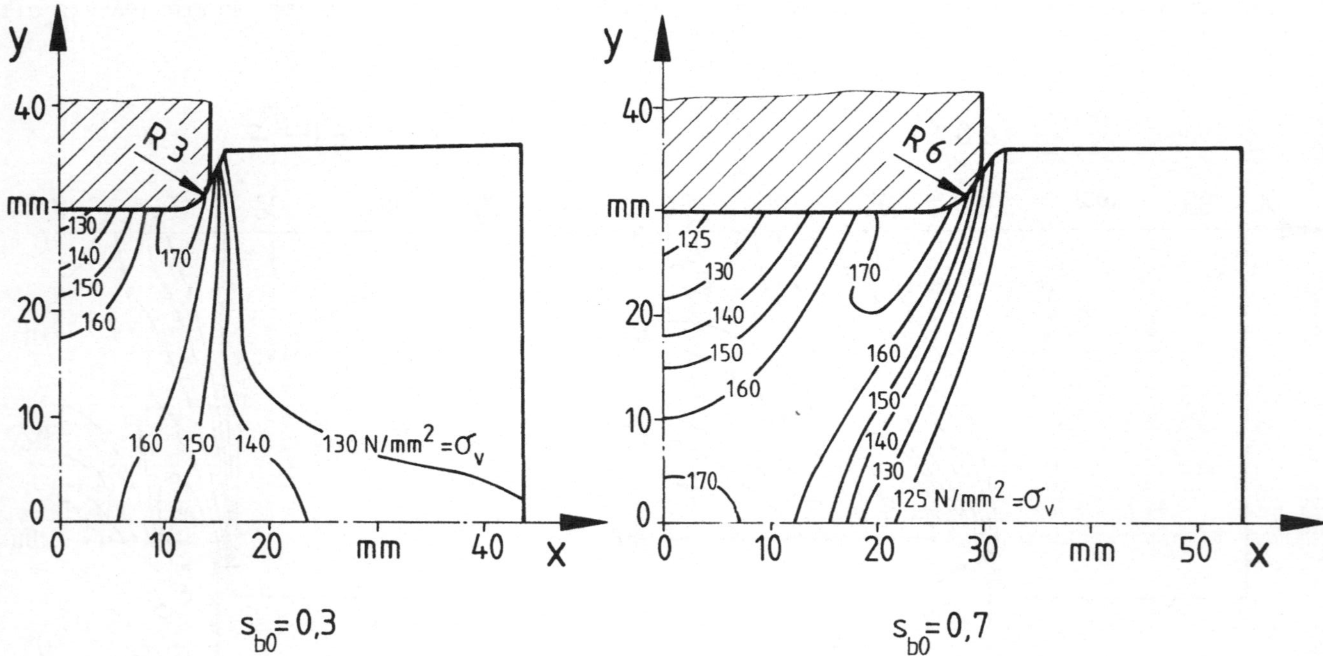

Bild 35: Verteilung der Vergleichsspannungen beim Radialumformen in Abhängiekti vom Biß-verhältnis.

Insbesonders bei den Vergleichsformänderungsgeschwindigkeiten
$\dot{\varepsilon}_v$ ist ein deutlicher Anstieg mit zunehmender Werkzeuglänge
zu verzeichnen. Im Bereich, der Werkzeugradius und Nullpunkt
verbindet, treten die größten Vergleichsspannungen auf. Dieser
'Streifen', jeweils um die Längsachse bzw. Werkzeugsymmetrieachse geklappt, bildet ein 'kreuzförmiges' Gebilde, das beim
Recken als Schmiedekreuz bezeichnet wird [51].

Bild 36 zeigt die Verteilung der Spannungskomponente σ_y im
Längsschnitt der betrachteten Werkstücke. Die Verläufe bestäti-
gen die Erkenntnisse, die beim Reckschmieden gewonnen wurden
[52], daß bei kleinen Bißverhältnissen ein hoher mittlerer
Werkzeugdruck $\bar{p}$ notwendig ist, um das Werkstück bis in den
Kern zu plastifizieren.

Bei der Werkzeuglänge l = 60 mm (s_{bo} = 0,7) herrscht unterhalb
des Werkzeugs ein nahezu homogener Druckspannungszustand,
während bei der Werkzeuglänge l = 29 mm (s_{bo} = 0,3) unterhalb
der Werkzeugmitte der Druck über 240 N/mm² steigt, zur Werkstücklängsachse hin aber rasch abnimmt.

Die Untersuchung der Durchschmiedung beim Reckschmieden zeigte, daß bei Reckvorgängen mit zu kleinen Bißverhältnissen un-
erwünscht große Zugspannungen σ_x im Kernbereich der Werkstücke
auftreten [52, 36].

Bild 37 zeigt die Verteilung der Spannungskomponente σ_x im
Werkstücklängsschnitt.

Beim Einsatz des kürzeren Werkzeugs (l = 29 mm, s_{bo} = 0,3)
treten Spannungen σ_x auf, die um den Faktor 4 höher liegen,
als bei dem Einsatz des längeren Werkzeugs (l = 60 mm,
s_{bo} = 0,7).

Diese Zugspannungen σ_x sind bedeutend kleiner als die Fließ-
spannung k_f, so daß kein Aufreißen etwa vorhandener Mikroris-
se zu erwarten ist.

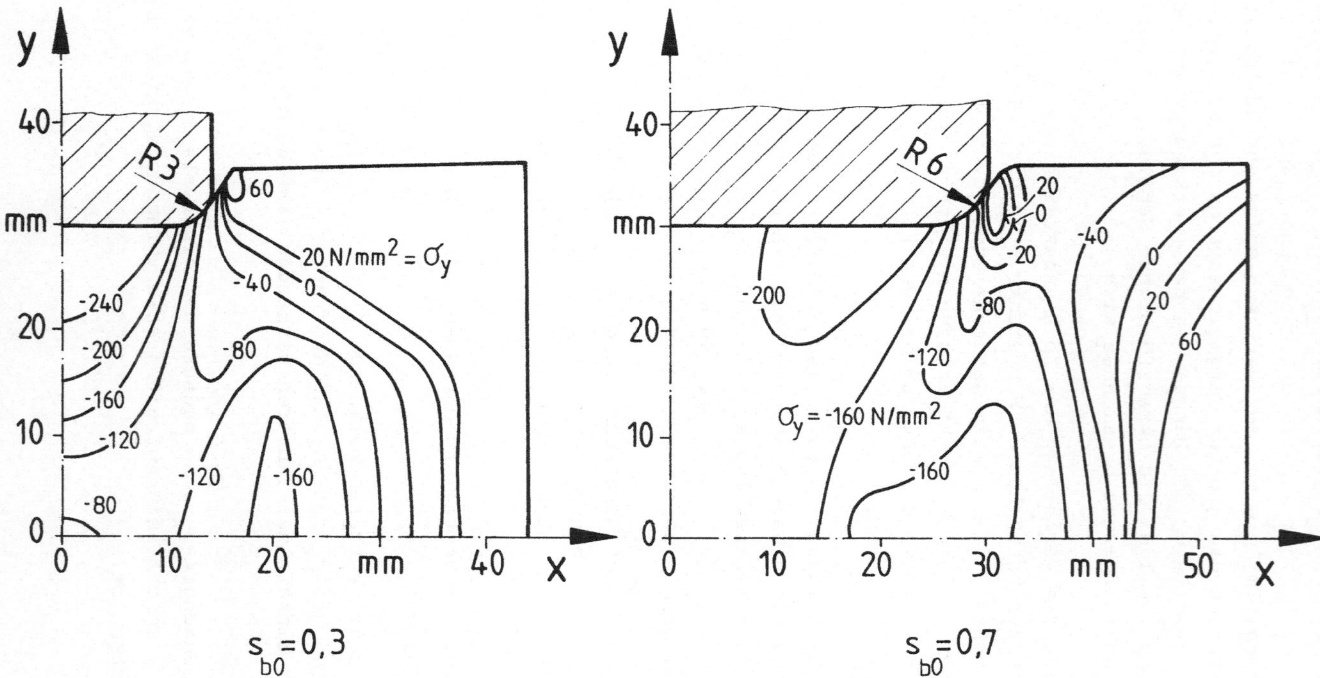

Bild 36: Verteilung der Spannungskomponente σ_y beim Radialumformen in Abhängigkeit vom Biß-verhältnis.

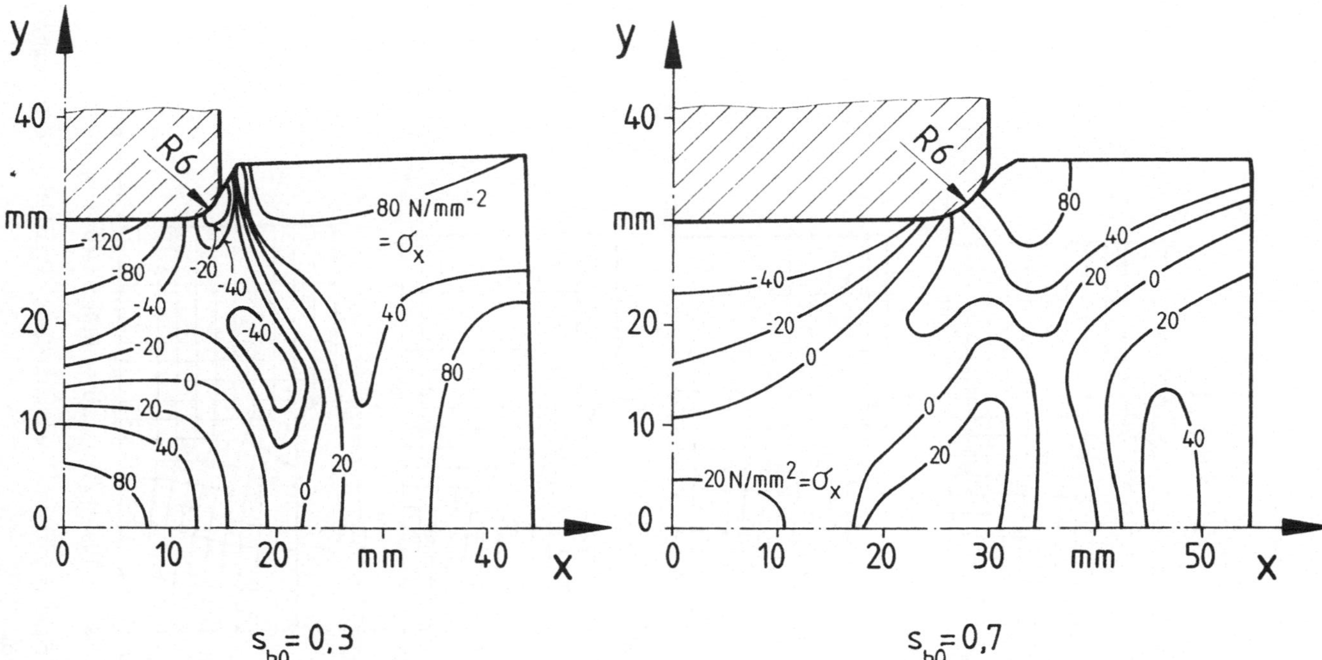

Bild 37: Verteilung der Spannungskomponente σ_x beim Radialumformen in Abhängigkeit vom Bißverhältnis.

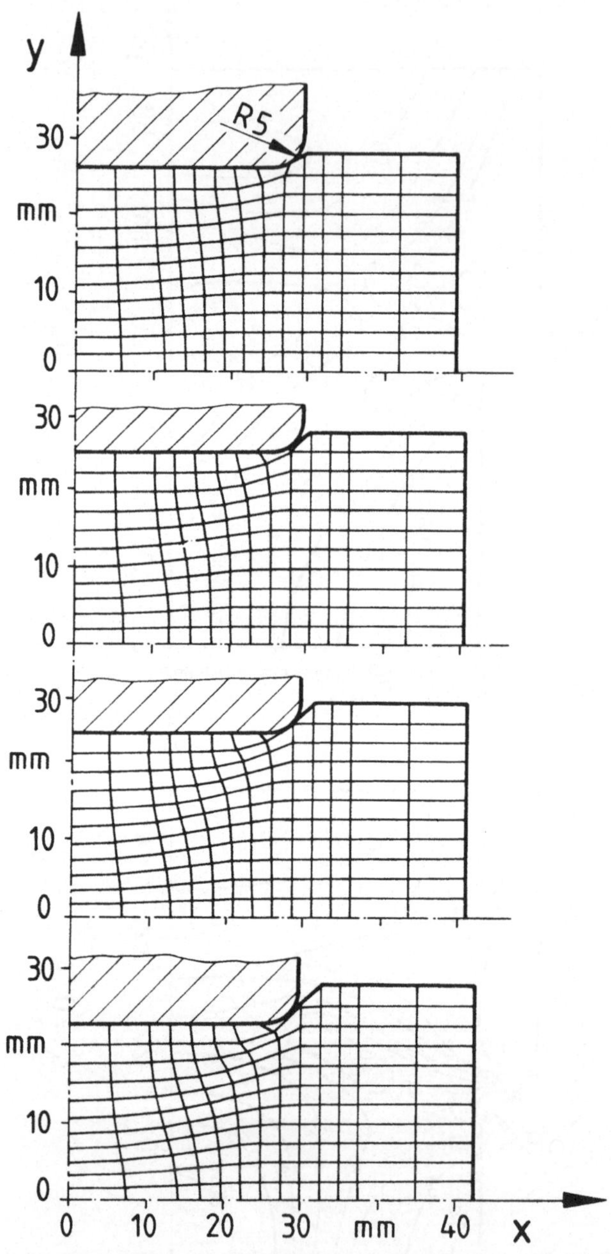

Bild 38: Radialumformen, verschiedene Stadien der Deformation.

3.5.2.2 Eindringtiefe

Zur Ermittlung des Einflusses der Werkzeugeindringtiefe Δh
(bzw.der relativen Eindringtiefe ε_h) auf den Spannungs- und
Formänderungszustand beim Radialumformvorgang wurde ein Werkstück der Ausgangshöhe H_O = 55 mm aus Al 99,5 (Fließkurve
siehe Bild A 1) zugrundegelegt.

Die Werkzeuge (l = 60 mm, R = 5 mm) sollen dabei insgesamt
5 mm in den Werkstoff eindringen. In den Abschnitten 3.3.1 bis
3.3.3 wurde der Stofffluß im Werkstücklängsschnitt, dem die
gleichen Daten zugrundeliegen,'visioplastisch' ermittelt.

Bild 38 stellt die deformierte Struktur (Idealisierung) verschiedener Eindringtiefen dar.

In Bild 39 sind die Verteilungen der Spannungen σ_v (links)
und σ_y (rechts) für zwei verschiedene Eindringtiefen
(Δh = 2 mm und 5 mm) dargestellt.

Erwartungsgemäß ist mit zunehmender Werkzeugeindringtiefe im
Werkstücklängsschnitt eine Erhöhung der Spannungen zu verzeichnen. Der Verlauf der Spannungskomponente σ_y entlang der Kontaktfläche zwischen Werkzeug und Werkstück zeigt eine ungleichmäßige Druckbeanspruchung der Werkzeugfläche.

Durch Integration der Normalspannungen σ_y über der projizier-
ten,sich im Eingriff befindenden Werkzeugfläche, ist die Bestimmung der zur Umformung erforderlichen Kraft pro Werkzeug
möglich. Zur Kraftermittlung mit der Methode der Finiten Elemente sind Berechnungen in mehreren Ebenen des betrachteten
Teils notwendig (siehe Abschnitt 3.5.3).

Bild 40 zeigt eine Gegenüberstellung der mit Hilfe der Visioplasticity (Bild 18) und der FE-Methode berechneten Verschiebungen und Vergleichsformänderungen ε_v im Längsschnitt einer
Rundprobe. Aus Symmetriegründen wurde nur ein Viertel des betrachteten Werkstücks mit zwei Werkzeugen im Eingriff dargestellt.

Der Vergleich der Flächencharakteristiken zeigt für die - mit

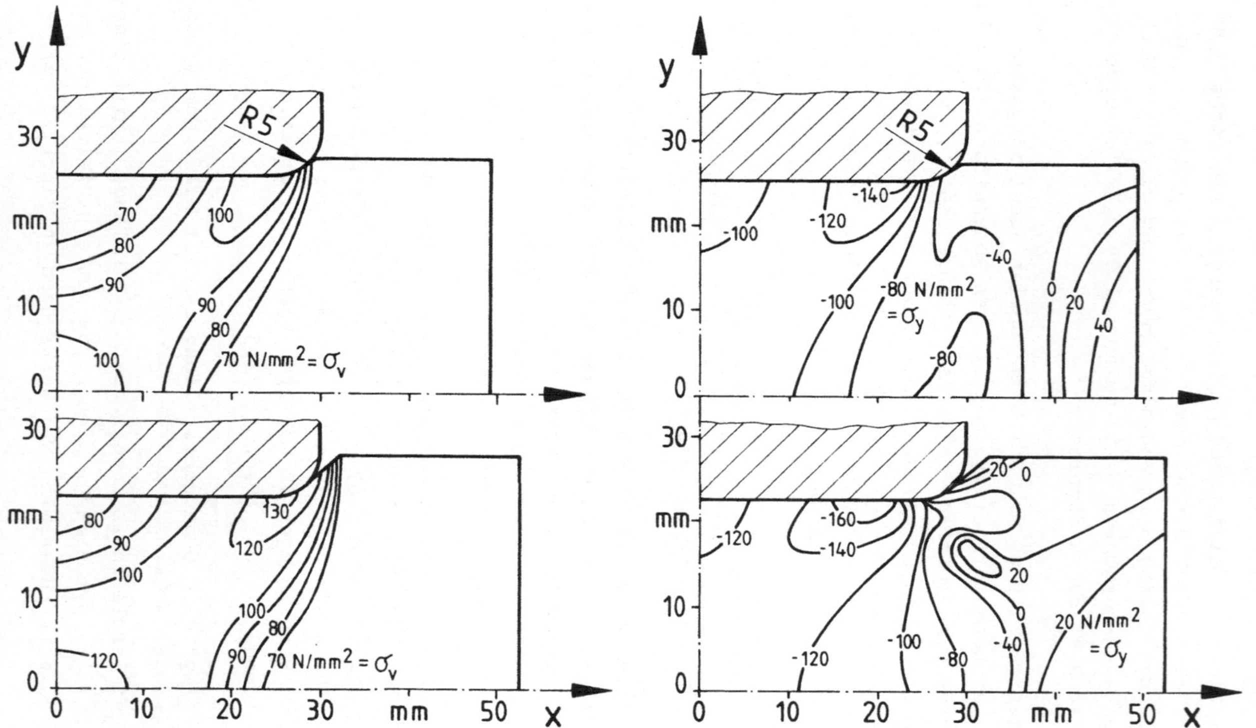

Bild 39: Verteilung der Spannungen σ_v und σ_y bei den Eindringtiefen $\Delta h = 2$ mm und 5 mm.

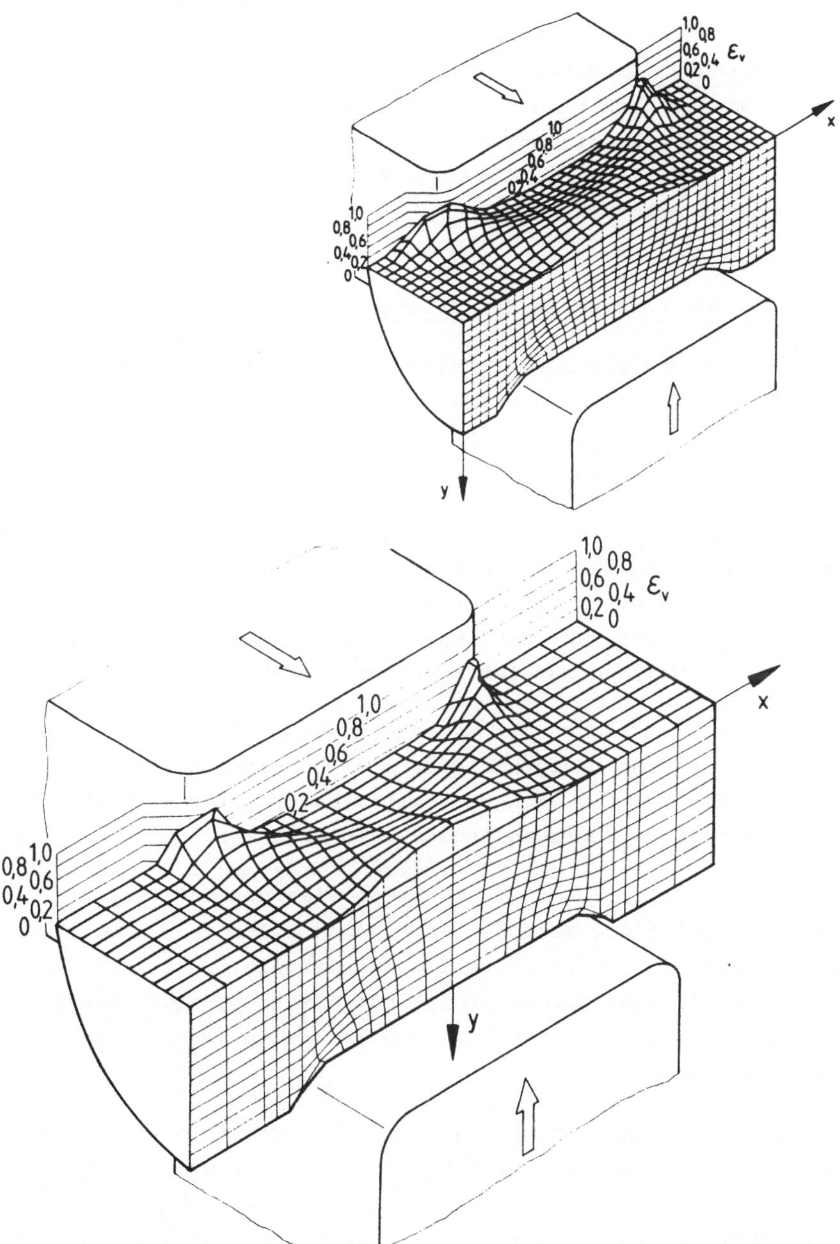

Bild 40: Gegenüberstellung der Verschiebungen und Vergleichsformänderungen, Visioplasticity (oben), FEM (unten).

beiden Methoden ermittelten - Verteilungen der Vergleichsformänderungen eine gute Übereinstimmung. Die maximalen Vergleichsformänderungen unterhalb der Werkzeugradien sind nahezu identisch. Sowohl nach rein theoretischer Berechnung der FEM als
auch nach experimentell-theoretischer Methode der Visioplasticity sind links und rechts von den Werkzeugen keine Formänderungen zu erkennen.

3.5.3 Näherungsweise Ermittlung der Werkzeugbelastung

Das auf der Radialumformmaschine zu fertigende Teilespektrum
läßt für die Formelemente die Querschnitte Sechszehneck, Achteck und Quadrat zu (siehe Abschnitt 1.1).

Als Rohteil ist im allgemeinen ein Kreiszylinder vorgesehen.
Das regelmäßige Achteck erwies sich als zweckmäßiger Zwischen-
formquerschnitt während der Fertigung, aus dem sich die drei
möglichen Endquerschnitte herstellen lassen [1]. In der Praxis bedeutet dies, daß das regelmäßige Achteck als Formelement-
querschnitt während der Fertigung am häufigsten auftritt.

Die ebenen Wirkflächen der Werkzeuge werden hauptsächlich auf
Druck beansprucht. Aufgrund der im allgemeinen großen Wirkflächen und der relativ geringen Umformkräfte ist kein Werkzeugversagen infolge Überbeanspruchung zu erwarten.

Um einen Überblick über die Werkzeugbelastung zu erhalten,
wurde mit Hilfe der Methode der Finiten Elemente die Druckver-
teilung auf der Werkzeugwirkfläche ermittelt. Dazu wurde ein
Werkstück mit Achtkantquerprofil aus AlMgSi 0,5 (weichgeglüht)
zugrundegelegt, in das 60 mm lange Werkzeuge (R = 5 mm) 4 mm
tief eindringen sollen.

Für die Berechnung wurden zusätzlich zur Symmetrieebene noch
vier weitere Ebenen ausgewählt, diskretisiert und der Verlauf
der Spannungskomponente σ_y entlang der Werkzeug-Werkstück-Be-
rührfläche berechnet. Die Lage der Ebenen ist in Bild 41 eingezeichnet.

Für die einzelnen Ebenen wurde jeweils der ebene Formänderungs-

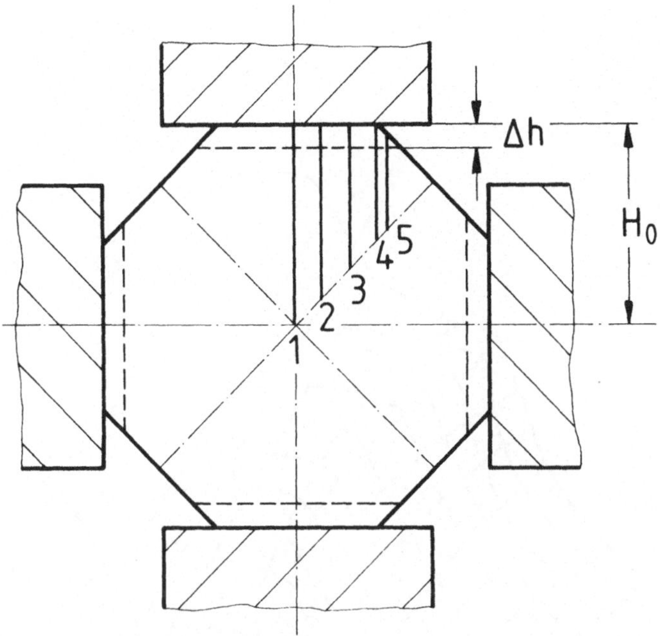

Bild 41: Lage der Schnittebenen zur Ermittlung der Werkzeugbelastung beim Eindringen der Werkzeuge in einen
Achtkant.

zustand angenommen. Modellversuche zeigten, daß die 'Verwöl-
bung' der Schnittflächen bei den üblichen Eindringtiefen gering ist, so daß diese Annahme näherungsweise gerechtfertigt
ist.

Bild 42 stellt den Verlauf der Spannungskomponente σ_y über der
Werkzeugwirkfläche dar. Die Verteilung der Normalspannung σ_y
zeigt, daß die Druckbelastung von der Werkzeugmitte
($\sigma_y \approx 160$ N/mm²) zu den Werkzeugradien ($\sigma_y \approx 260$ N/mm²) zu-
nimmt.

Aufgrund des hohen Normaldrucks σ_y und der hohen Formänderungsgeschwindigkeiten $\dot{\varepsilon}_x$ unterhalb der Werkzeugradien (siehe Bild

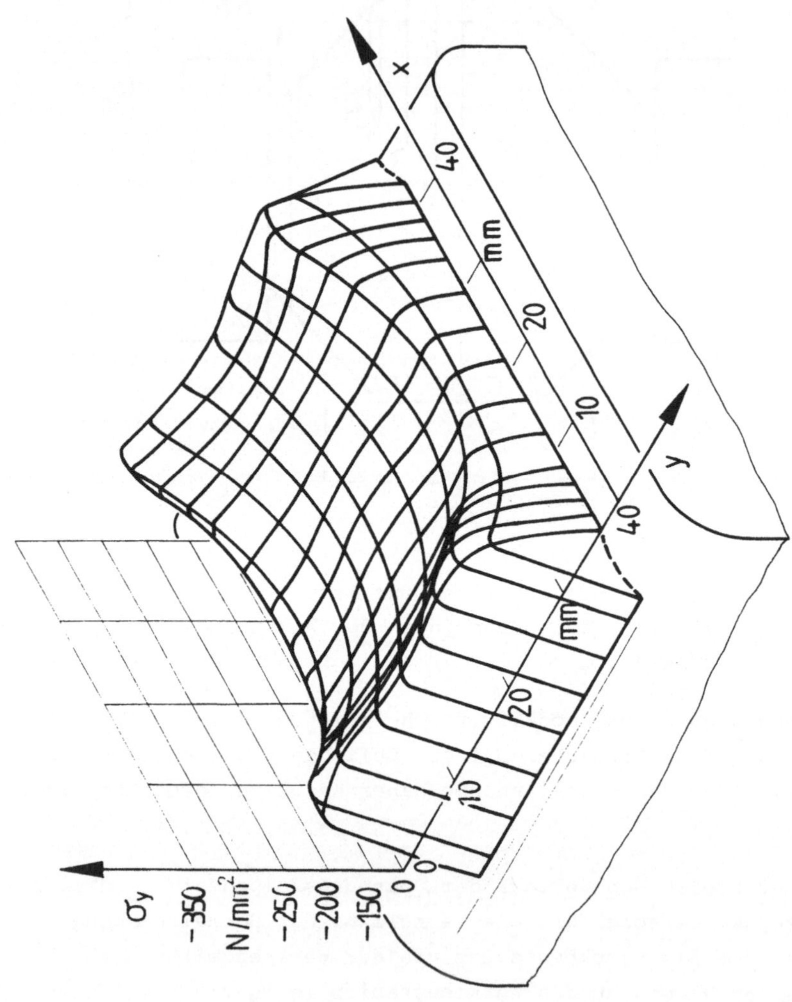

Bild 42: Werkzeugbelastung beim Umformen eines Achtkants.

17, Abschnitt 3.3.3) ist infolge der Reibung in diesen Bereichen mit dem größten Verschleiß zu rechnen, der allerdings nur
bei hohen Stückzahlen von Bedeutung sein dürfte.

4   Kraftbedarf

Radialumformen ist ein inkrementelles Umformverfahren, d. h.
die Gesamtumformung setzt sich aus einer Vielzahl einzelner
Umformvorgängen zusammen.

Für den störungsfreien Arbeitsablauf und die rechnergesteuerte
Werkzeugauswahl ist die Vorausberechnung bzw. Abschätzung der
für die einzelnen Umformvorgänge notwendigen Kräfte unerläßlich.

Zur rechnergestützten Kraftabschätzung bei der Erstellung der
Fertigungsdaten im Rahmen des Programmsystems PRORUM II ist
eine mit geringem Rechenaufwand verbundene Methode notwendig.
Ansätze nach der elementaren Plastizitätstheorie zur Kraftberechnung bei Umformvorgängen erfüllen die genannten Anforderungen.

Die elementare Plastizitätstheorie [53 bis 55] wird aufgrund
ihrer relativ einfachen mathematischen Formulierungen auch
heute noch   in der umformtechnischen Praxis häufig verwendet. Die ihr zugrundeliegende stark vereinfachende Beschreibung der im Werkstück auftretenden Spannungs- und Formänderungsverteilung läßt im allgemeinen nur Näherungslösungen
für Integralaussagen (z. B. Umformkräfte) zu.

In den folgenden Abschnitten sollen Ansätze für die näherungsweise Berechnung von Umformkräften beim Radialumformen hergeleitet und experimentell überprüft werden.

Die Gegenüberstellung der Versuchs- und Berechnungsergebnisse
ermöglicht eine Beurteilung der Genauigkeit dieser Ansätze
zur Kraftabschätzung.

4.1   Kraftberechnung auf der Grundlage der elementaren
         Plastizitätstheorie

Zur genauen Beschreibung des Formänderungs- und Spannungszu-
stands in der Umformzone ist die Lösung eines Gleichungssystems mit mehreren Differentialgleichungen notwendig. Der Lö-

sung dieses Gleichungssystems stehen im allgemeinen große mathematische Schwierigkeiten entgegen. Diese Schwierigkeiten umgeht die elementare Plastizitätstheorie durch eine stark vereinfachende Beschreibung der Kinematik des Umformvorgangs. Dabei wird vorausgesetzt, daß die Umformung endlicher Werkstückelemente zwischen symmetrisch angeordneten Werkzeugbahnen nur durch reine Dehnungen oder reine Schiebungen erfolgt [54]. Bei Streifen- und Scheibenelementen bleiben somit ebene Flächen eben, bei axialsymmetrischen Röhrenelementen Zylinderflächen zylindrisch. Demzufolge ist die Umformung über den gesamten Querschnitt homogen [55]. Außerdem wird vorausgesetzt, daß zwischen Werkstück und Werkzeug Coulombsche Reibung mit konstanter Reibzahl μ herrscht.

Grundlage für die Herleitung der Beziehungen zur Kraftabschätzung beim Radialumformen bildet der Ansatz für den Reckvorgang nach Siebel [53, 54].

Die gesamte Umformkraft F_{ges} zum Recken eines nicht verfestigenden Werkstoffs läßt sich nach Siebel für den ebenen und homogenen Formänderungszustand mit folgender Beziehung ermitteln:

$$F_{ges} = A \cdot k_{fm} \left(1 + \frac{1}{2} \cdot \mu \cdot \frac{1}{H} + \frac{1}{4} \cdot \frac{H}{1}\right), \qquad (12\ a)$$

Dabei bilden:

$A \cdot k_{fm} = F_{id}$, die zum verlustfreien Recken erforderliche Umformkraft (ideelle Umformkraft)

$\frac{1}{2} \cdot A \cdot k_{fm} \cdot \mu \cdot \frac{1}{H} = F_R$, die zum Überwinden der Reibung an den Werkzeugflächen erforderliche Umformkraft (Verlustanteil infolge Reibung)

$\frac{1}{4} \cdot A \cdot k_{fm} \cdot \frac{H}{1} = F_{Sch}$, die zum Umlenken des Werkstoffs an den Grenzflächen der idealisierten Umformzone erforderliche Umformkraft (Verlustanteil infolge Schiebung)

Hierin sind:

$A = l \cdot b$ die momentane gedrückte Fläche (l = Werkzeuglänge, b = Werkstückbreite)

H die momentane Werkstückhöhe

Eine detaillierte Herleitung der Beziehung (12) ist in [53, 54] zu finden.

Beziehung (12) läßt sich auch folgendermaßen darstellen:

$$F_{ges} = k_{fm} \; (\underbrace{b \cdot l}_{\substack{\text{gedrückte} \\ \text{Fläche A}}} + \underbrace{\frac{\mu \cdot l^2 \cdot b}{2H} + \frac{1}{4} \, b \cdot H}_{\substack{\text{Scherfläche} \\ A_S \text{ beim Recken}}}) . \qquad (12\ b)$$

Analog zu Beziehung (12 b) soll der zum Radialumformen von Werkstücken mit Kreis- und Achtkantquerschnitt notwendige Kraftbedarf hergeleitet werden.

Beim Vergleich der Verfahren Radialumformen und Recken lassen sich, außer der unterschiedlichen Werkzeuganzahl, folgende wesentliche Unterscheidungsmerkmale erkennen:

- Beim Radialumformvorgang nimmt im Verlauf der Umformung die Breite b der gedrückten Fläche A kontinuierlich zu, während b beim idealisierten breitungsfreien Recken eines Vierkants konstant bleibt (Bild 43).

Für b gilt:

Vierkant $b \, (\Delta h) = const,$ $(13\ a)$

Kreis $b \, (\Delta h) = 2 \sqrt{\Delta h \cdot H_o - \Delta h^2} \, ,$ $(13\ b)$

Achtkant $b \, (\Delta h) = H_o \cdot \tan(\alpha/2) + 2 \cdot \Delta h.$ $(13\ c)$
                         $(\alpha = 45\ °)$

Anmerkung: Das Recken eines Vierkants kann auf der Radialumformmaschine durch den paarweisen Einsatz der Werkzeuge verwirklicht werden.

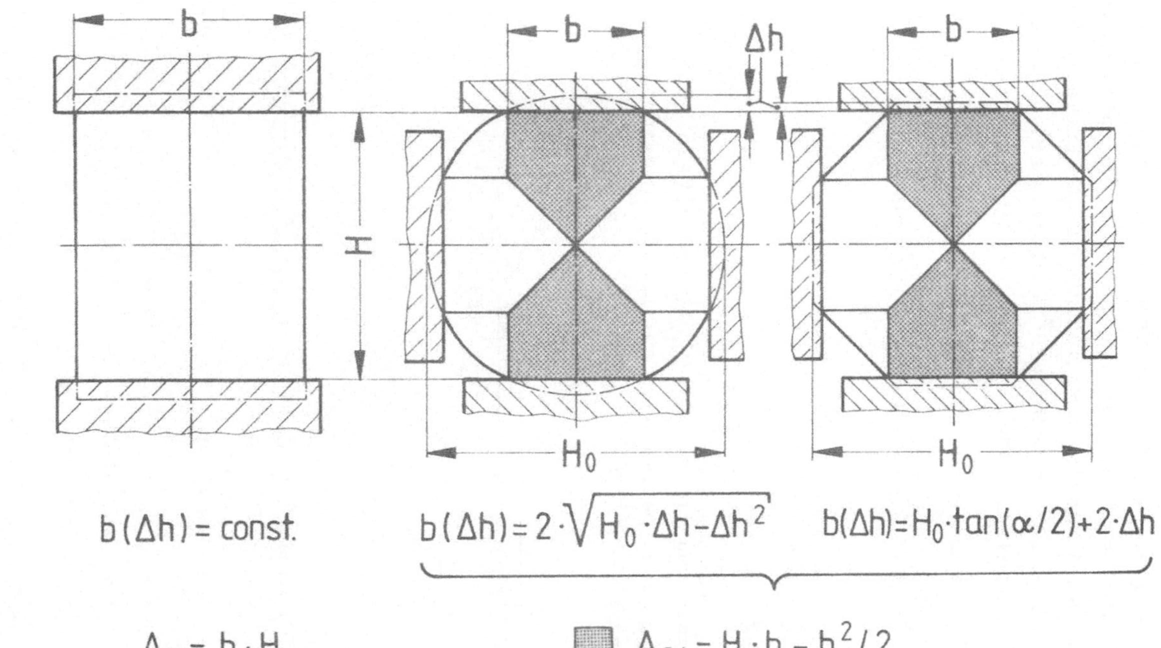

ild 43: Prinzipdarstellung des
a) Reckvorgangs,
b) Radialumformvorgangs (Kreis),
c) Radialumformvorgangs (Achtkant).

- Beziehung (12 b) zeigt, daß sich der Verlustanteil infolge Schiebung proportional zur Scherfläche A_S verhält.

Für den Radialumformvorgang wird die Scherfläche pro Werkzeugpaar mit $A_{S4} = H \cdot b - b^2/2$ (Fläche in Bild 43 b) und c)) angenommen. Damit Beziehung (12 b) auch für den Radialumformvorgang gilt, wird für diese Beziehung die momentane Werkstückhöhe H durch die Ersatzhöhe H^* ausgetauscht, damit die geänderten geometrischen Randbedingungen Berücksichtigung finden.

Die Ersatzhöhe wird folgendermaßen hergeleitet:

Es gilt:

$$b \cdot H^* = b \cdot H - b^2/2 , \qquad (14\ a)$$

bzw. $\qquad H^* = H - b/2 . \qquad (14\ b)$

Durch Einsetzen von (14 b) und (13 b) bzw. (13 c) in (12 b) erhält man folgende Beziehungen zur Kraftabschätzung beim Radialumformen:

Kreis:

$$F_{ges} = 2 \cdot l \cdot k_{fm} \sqrt{\Delta h \cdot H_o - \Delta h^2} \left(1 + \frac{\mu \cdot l}{2 (H - \sqrt{\Delta h \cdot H_o - \Delta h^2})} \right.$$

$$\left. + (H - \sqrt{\Delta h \cdot H_o - \Delta h^2})/4 \cdot l \right) , \qquad (15)$$

Achtkant:

$$F_{ges} = l \cdot k_{fm} (H_o \cdot \tan(\alpha/2) + 2 \cdot \Delta h) \left(1 + \frac{\mu \cdot l}{2 \cdot H - H_o \cdot \tan(\alpha/2) - 2 \cdot \Delta h} \right.$$

$$\left. + \frac{2 \cdot H - H_o \cdot \tan(\alpha/2) - 2 \cdot \Delta h}{8 \cdot l} \right) \qquad (16)$$

Bild 44 zeigt die mit den Ansätzen (12 b), (15) und (16) nach der elementaren Plastizitätstheorie berechnete (mit '1' bezeichneten) Kraft-Weg-Verläufe.

Der Berechnung wurde eine Achtkantprobe (H_o = 90 mm) und eine Rundprobe (H_o = 90 mm) aus Al 99,5 zugrundegelegt, in die vier Werkzeuge (l = 60 mm, R = 5 mm) 8 mm tief eindringen sollten.

Die Kraft-Weg-Verläufe zeigen für die verschiedenen Querschnittsformen unterschiedliche Charakteristiken, die in Abschnitt 4.2 näher erläutert werden.

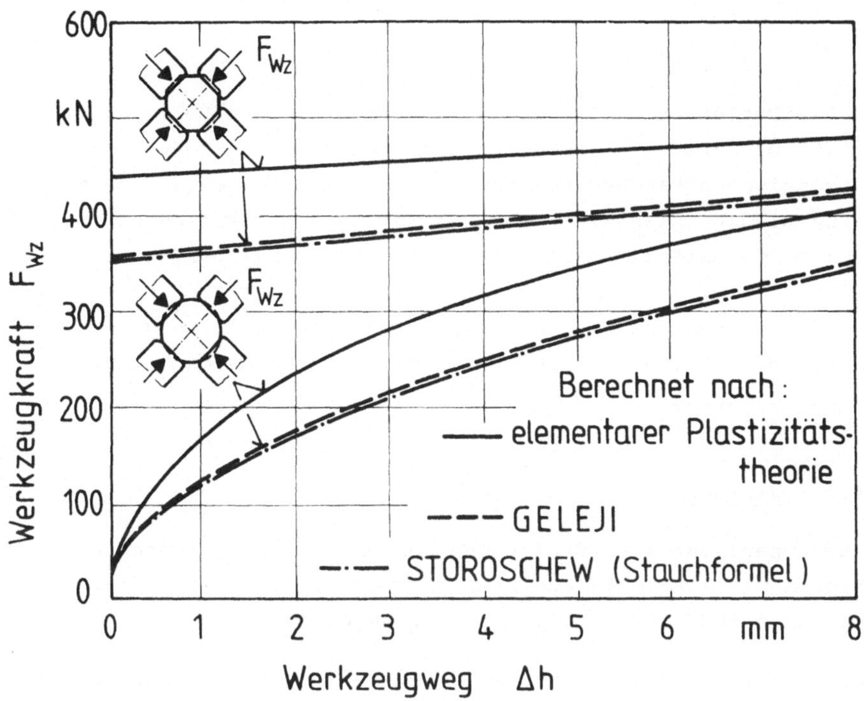

Bild 44: Berechnete Umformkraft F_{Wz} in Abhängigkeit von der Werkzeugeindringtiefe Δh.

Im Schrifttum [52, 56] sind zwei weitere Ansätze zur Berechnung der zum Recken erforderlichen Kraft angegeben.

- Geleji [56] leitete anhand einer Energiebetrachtung folgende Beziehung her:

$$F = b \cdot l \cdot k_{fo} \frac{(1 + 0,01 \cdot V_{Wz} / H)}{1 - \mu \cdot 1/2 \cdot H}. \tag{17}$$

- Storoschew [52] geht davon aus, daß für Bißverhältnisse

s_b < 2 zur Ermittlung der Umformkraft beim Recken die Beziehung (18) angewandt werden kann, die von Siebel [53] für das ebene Stauchen abgeleitet wurde.

Die Beziehung lautet:

$$F = b \cdot l \cdot k_{fm} \ (1 + \frac{\mu \cdot l}{3 \cdot H}) . \eqno(18)$$

Die Beziehungen (17) und (18) wurden mit den Beziehungen (13 b) bzw. (13 c) modifiziert und somit den geänderten geometrischen Randbedingungen beim Radialumformen angepaßt. In Bild 44 sind die Kraft-Weg-Verläufe eingezeichnet, die mit den Ansätzen nach Geleji und Storoschew berechnet und mit 2 bzw. 3 gekennzeichnet wurden. Die letztgenannten Verläufe sind nahezu identisch, obwohl die Herleitung der Ansätze (17) und (18) auf unterschiedlichen Betrachtungsweisen basieren.

4.2 Versuche

Zur experimentellen Ermittlung von Kraft-Weg-Verläufen wurden Proben mit Achtkant- und Kreisquerschnitt auf der Radialumformmaschine RUMX 2000 (Bild 1 und 3) umgeformt.

Bild 45 zeigt die schematische Darstellung des Versuchsaufbaus zur experimentellen Ermittlung der Radialumformkraft in Abhängigkeit von der Werkzeugeindringtiefe.

Während der Umformversuche wurde der Öldruck p im Hydraulikzylinder mit Hilfe eines piezoelektrischen Druckgebers und die Werkzeugeindringtiefe Δh mit Hilfe eines induktiven Wegaufnehmers gemessen. Die Meßsignale wurden auf ein Bandgerät gespeichert, da sich der x,y-Schreiber zur direkten Aufzeichnung der Kraft-Weg-Verläufe als zu träge erwies. Durch langsames Abspielen des Bandes konnten die gespeicherten Informationen auf den x,y-Schreiber übertragen werden.

Die Bilder 46, 47 und 48 zeigen eine Gegenüberstellung der gemessenen (gestrichelten) und der mit Hilfe der elementaren Plastizitätstheorie berechneten (durchgezogenen) Kraft-Weg-

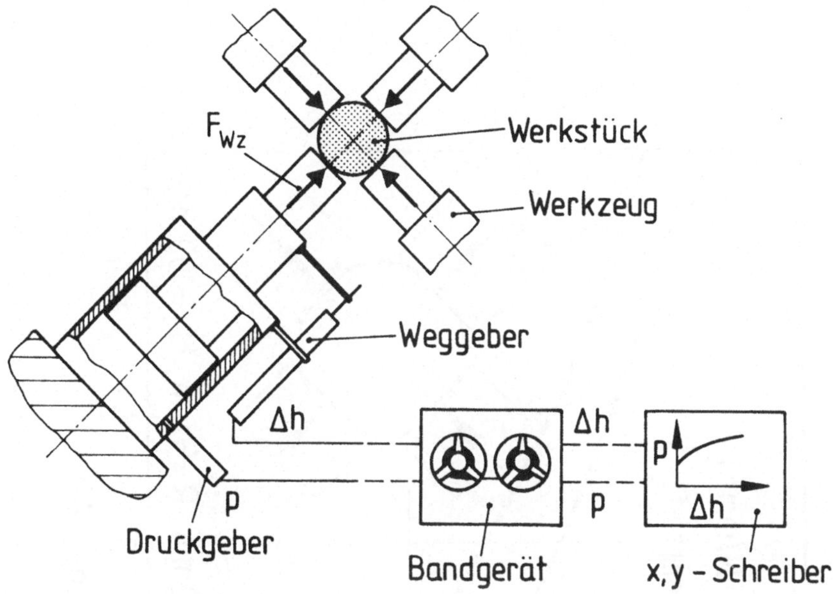

Bild 45: Versuchsaufbau zur Kraft- und Wegmessung beim Radialumformen.

Verläufe für verschiedene Radialumformvorgänge.

Der paarweise Einsatz von Werkzeugen (Bild 48) wird notwendig,
wenn während dem Radialumformvorgang die Gefahr einer Werk-
zeugkollision auftritt.

Die gemessenen Kraft-Weg-Verläufe beginnen beim Umformen von
Rundproben (Bild 46 und 48) mit geringeren Steigungen als dies
beim Umformen der Achtkantprobe der Fall ist, da bei Beginn
der Umformung das betrachtete Werkzeug die Zylinderfläche nur
entlang einer Linie berührt, während es beim Achtkant großflä-
chig aufsetzt.

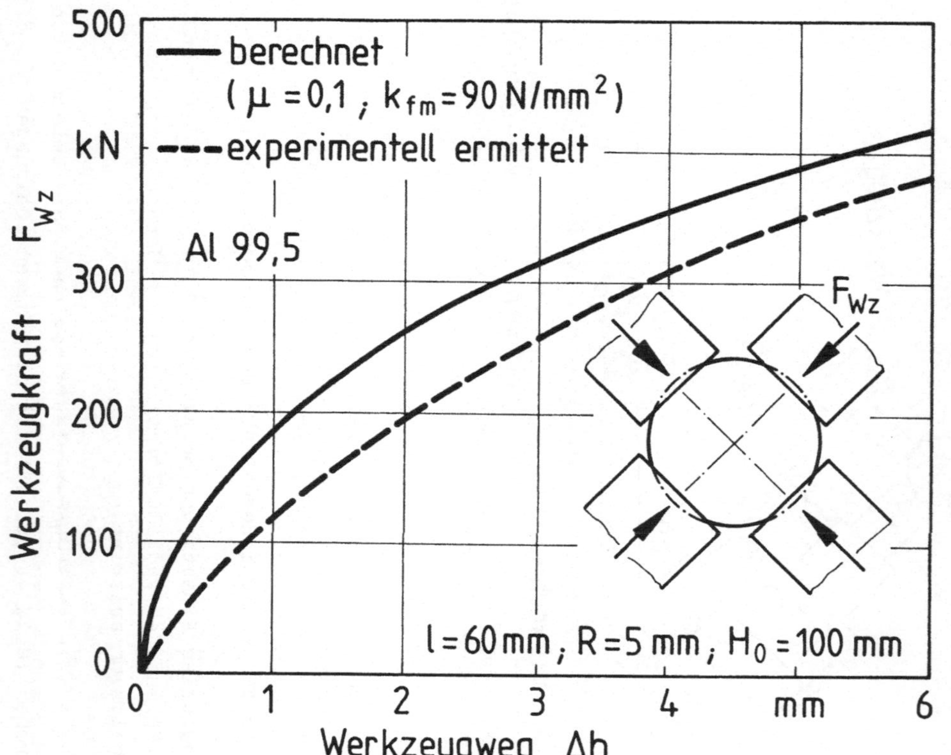

Bild 46: Vergleich zwischen gemessenen und berechneten Kraft-Weg-Verläufen beim Radialumformen.

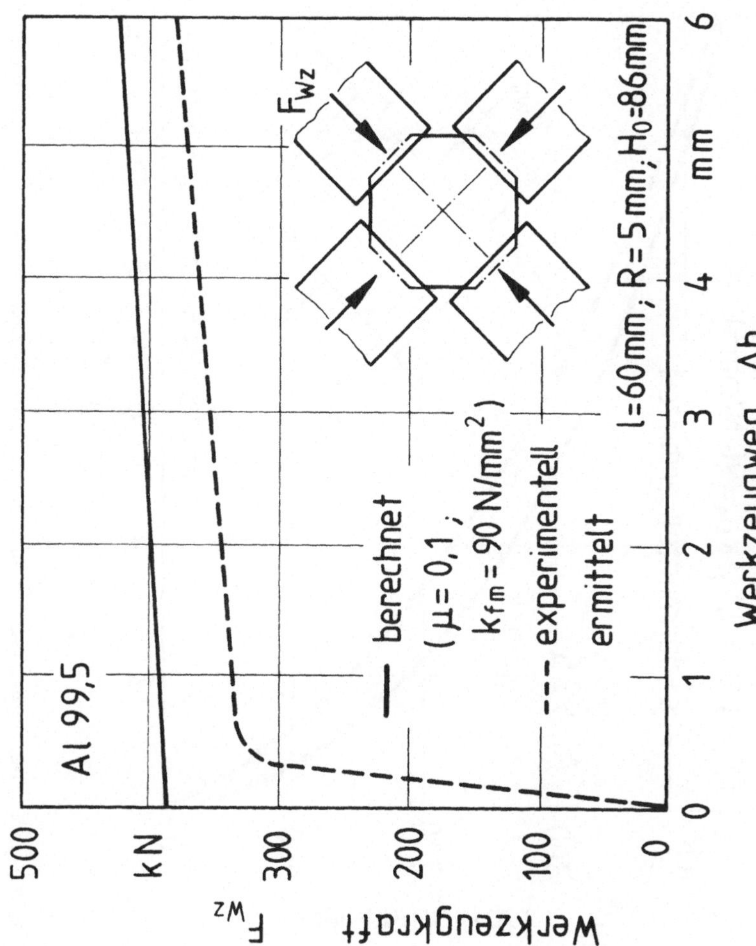

Bild 47: Vergleich zwischen gemessenen und berechneten Kraft-Weg-Verläufen beim Radialumformen.

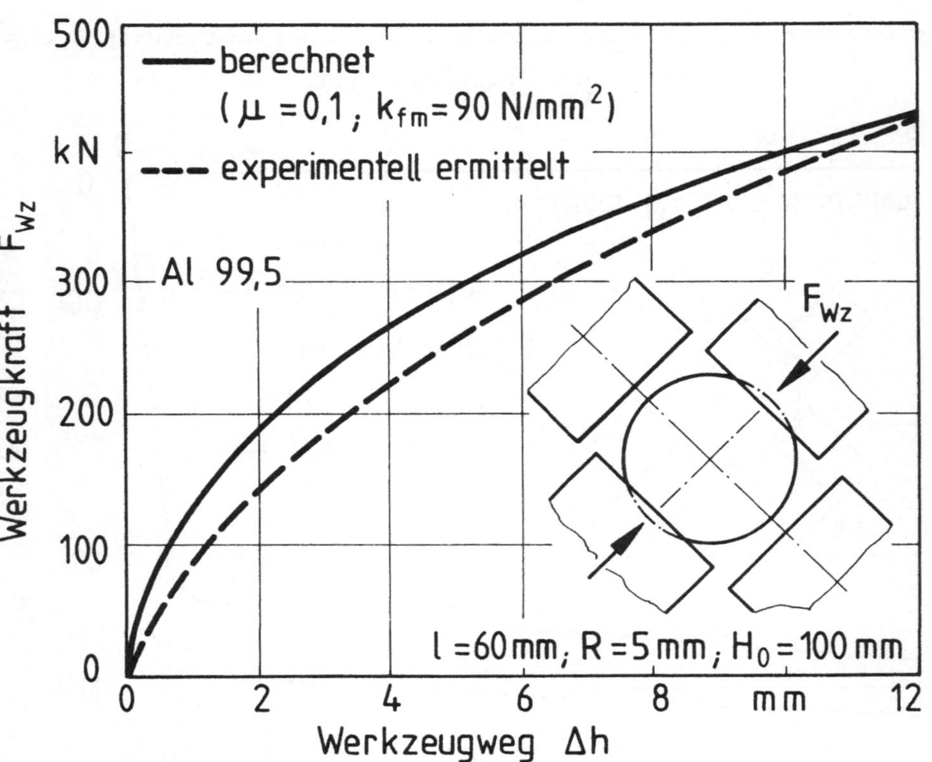

Bild 48: Vergleich zwischen gemessenen und berechneten Kraft-Weg-Verläufen beim Radialumformen.

Aus dem gemessenen Kraft-Weg-Verlauf in Bild 47 ist das in der
Rechnung vernachlässigte elastische Verhalten des Versuchswerk-
stoffs und die 'Auffederung' der Maschine erkennbar.

   Aufstellung des Programmsystems PRORUM II zur rech-
      nergestützten Arbeitsablauf- und Fertigungsdatenbe-
      stimmung

Ein rationeller Einsatz der Radialumformmaschine setzt die
rechnergestützte Arbeitsablaufplanung bzw. Fertigungs-(NC-
Steuerdaten-)bestimmung voraus.

Die Komplexität des zu fertigenden Teilespektrums und die Kinematik des Verfahrens führen zu erheblichem Aufwand bei der Erstellung der NC-Steuerdaten, der nur durch ein Programmiersy-
stem zu bewältigen ist.

Aufbauend auf die in [1] im Rahmen des Programmsystems PRORUM I
entworfenen Algorithmen zur Simulation des Radialumformens
wurde in dieser Arbeit PRORUM II entwickelt, das mit Hilfe
einer Reihe geometrischer und technologischer Vorgaben den
Fertigungsablauf selbsttätig festlegt.

PRORUM II erlaubt - in Verbindung mit einem Prozeßrechnersystem mit Minicomputer - den Programmablauf im Dialogbetrieb
und eignet sich zur Ermittlung der NC-Steuerdaten zur Fertigung von Werkstücken mit ausgeprägter Längsachse und wechseln-
den Querschnittsgrößen und -formen.

Für den erfolgreichen Einsatz dieser Programme waren gegenüber PRORUM I folgende Erweiterungen notwendig:

- Möglichkeit des automatischen Werkzeugwechsels

- Anpassung des Werkstücklängsvorschubs an die aktuelle Werkstückabmessung, d. h. Berücksichtigung des relevanten Verfahrensparameters 'Bißverhältnis'

- Berücksichtigung der Ergebnisse hinsichtlich des 'Stoffflusses' (Kapitel 3) und des notwendigen Kraftbedarfs (Kapitel 4)

- Berücksichtigung maschinenseitiger Randbedingungen (z. B.
  Spannzangengeometrie und Arbeitsraumabmessungen)

- Möglichkeit einer zeitsparenden Überprüfung der Eingabedaten
  und der Daten des an die Technologie des Radialumformens
  'angepaßten' Werkstücks anhand graphischer Darstellungen auf

einem Bildschirm.

PRORUM II (Bild 49) gliedert sich in die vier Programmbereiche:

    1   Beschreibung der Fertigungsaufgabe
    2   Arbeitsablauf
    3   Fertigungsdaten
    4   Graphische Darstellung.

Während die Programmbereiche 1, 2 und 3 zur automatischen Arbeitsablauf- und Fertigungsdatenbestimmung unbedingt erforderlich sind, kann Programmbereich 4 im Verlauf bzw. nach Beendigung der in den einzelnen Bereichen durchgeführten Berechnungen zur graphischen 'Überprüfung'

- der werkstückbeschreibenden Eingabedaten,
- der angepaßten Werkstückdaten und
- der während der Fertigung entstehenden Zwischenformen

optional benützt werden.

Die mit Hilfe des 3. Programmbereichs festgelegten Fertigungsdaten werden für ein Steuerprogramm zugriffsbereit auf Permamentfiles geschrieben und bilden die jederzeit abrufbereiten NC-Steuerdatensätze für die Radialumformmaschine RUMX 2000.

In den folgenden Abschnitten werden die Aufgaben der einzelnen Programmbereiche beschrieben,ohne auf alle Einzelheiten des aus ca. 120 Unterprogrammen bestehenden Programmsystems PRORUM II einzugehen.

5.1   <u>Beschreibung der Fertigungsaufgabe</u>

Voraussetzung für die automatische Arbeitsablauf- und Fertigungsdatenbestimmung ist eine vom Programm interpretierbare Darstellung der Fertigungsaufgabe.

Grundlage zur Ermittlung der Eingabedaten bildet die Fertigteilzeichnung. Zur Eingabe werden die Werkstücke von links beginnend in Formelemente zerlegt, die als nicht mehr unterteilbare Werkstückabschnitte mit gleichartigem Querschnitt be-

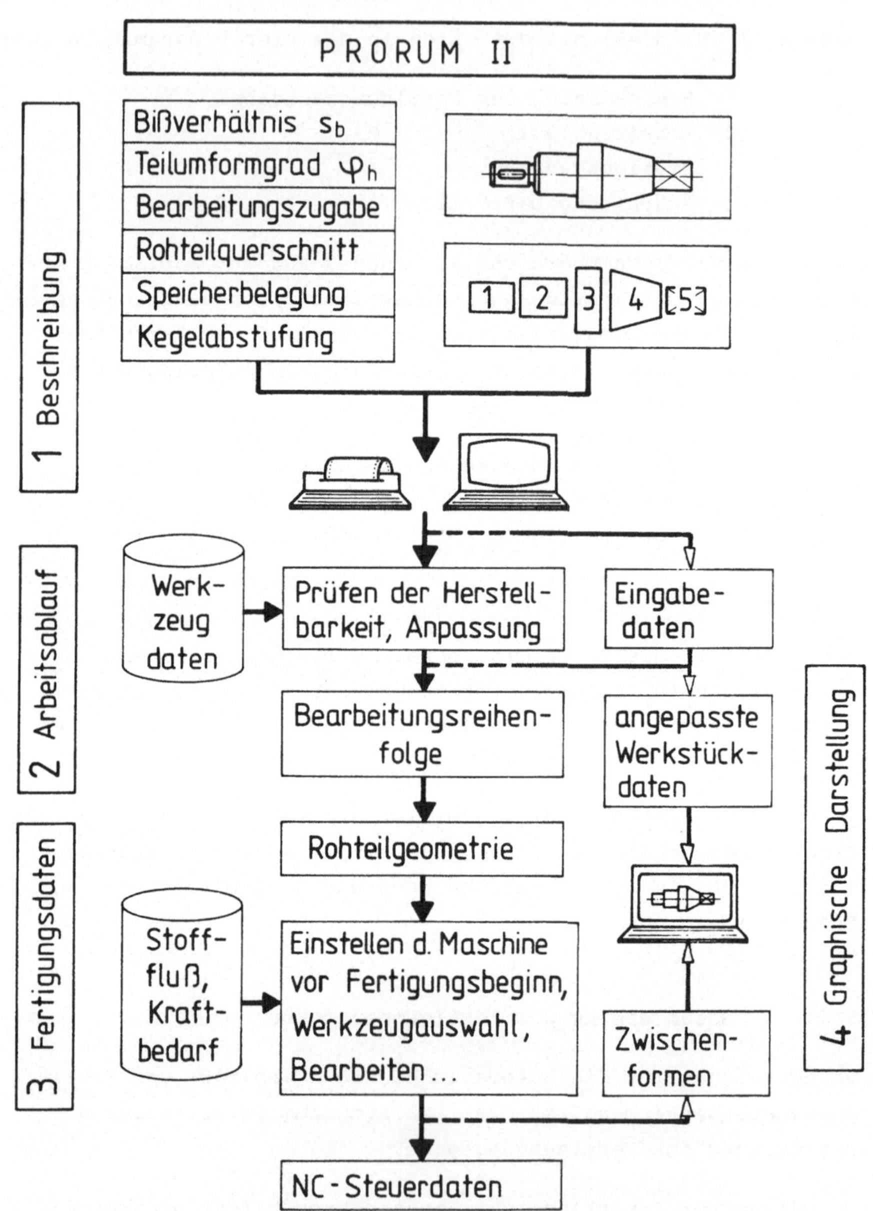

Bild 49: Programmsystem PRORUM II.

trachtet werden.

Durch Aneinanderreihen dieser Formelemente (Zylinder, Kegelstümpfe, Prismen) entstehen sämtliche dem Teilespektrum entsprechende Werkstücke. Nebenformelemente (Fasen, Einstiche),
die auf der Radialumformmaschine nicht gefertigt werden können,
werden bei der Eingabe vernachlässigt. Komplexe Formelemente
mit gekrümmten Konturen werden mit umhüllenden Zylinder- und
Kegelstumpfelementen beschrieben. Außer diesen werkstückbeschreibenden Daten werden dem Rechner über das Tastenfeld des
Bildschirmterminals das Bißverhältnis (vgl. Abschnitt 3.3.4.1
und 3.5.2.1) der max. Teilumformgrad φ_h ($\approx \varepsilon_h$, vgl. Abschnitt
3.3.4.2 und 3.5.2.2), die Bearbeitungszugaben (axial, radial),
der Rohteilquerschnitt (Kreis, Quadrat) und die aktuelle Werkzeugspeicherbelegung vorgegeben.

Beim Auftreten eines Kegelstumpfes als Formelement erfolgt die
Eingabe der Stufenhöhe zur Kegelabstufung.

Bild 50 zeigt die Darstellung der werkstückbeschreibenden

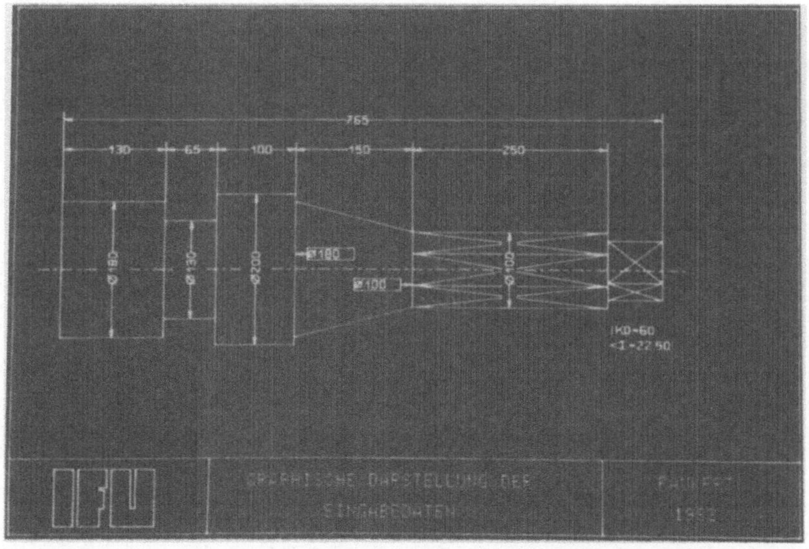

Bild 50: Graphische Ausgabe: Eingabedaten.

Eingabedaten auf dem graphischen Bildschirm. Anhand dieser
Darstellung lassen sich Eingabefehler sofort erkennen.

5.2 Arbeitsablauf

Im 2. Programmbereich werden unter Berücksichtigung verfah-
rens- und maschinenseitiger Randbedingungen die Herstellbar-
keit der Formelemente überprüft und der Technologie des Radialumformens angepaßt.

Kegelstümpfe als Fertigteilelemente werden in eine Reihe abgestufter 'Ersatzformelemente' (Prismen mit 16eckigem Querschnitt) umgewandelt, da Werkzeuge mit ebenen Wirkflächen nur
Formelemente mit achsparalleler Kontur bearbeiten können.

Beim Auftreten tieferliegender Formelemente wird geprüft,
ob eine Fertigung mit den im Speicher befindlichen Werkzeugen
möglich ist. Sind keine entsprechenden Werkzeuge vorhanden
(z. B. alle Werkzeuge zu lang), werden die betroffenen Formelemente - bei gleichzeitiger Reduzierung der Formelementzahl -
mit dem nächstgrößeren benachbarten Formelement verschmolzen.

Vierkante, die infolge zu großer Seitenlänge (bzw. zu schma-
ler Werkzeugbreite) nicht hergestellt werden können, werden
durch umhüllende Achtkantelemente ersetzt.

Bild 51 zeigt die an Technologie, Maschine und vorhandenen
Werkzeugsatz angepaßte Version der in Bild 50 unter Vernachlässigung der Nebenformelemente dargestellten 'Fertigteilzeichnung'. Bei dem gezeigten Beispiel wurden die mit'Flachsätteln' nicht herstellbaren zylindrischen Formelemente durch
16eckige Formelemente ersetzt. Formelement 2 wurde mit Formelement 1 'verschmolzen'. Der Kegelstumpf wurde entsprechend
der vorgegebenen Stufenhöhe abgestuft.

Nach der Anpassung ist sichergestellt, daß dieses Werkstück,
das die Vorform zum Fertigteil bildet, auf der Radialumformmaschine gefertigt werden kann. Auf der Grundlage der Daten
des 'angepaßten' Werkstücks wird die Bearbeitungsfolge unter
Berücksichtigung folgender Kriterien festgelegt:

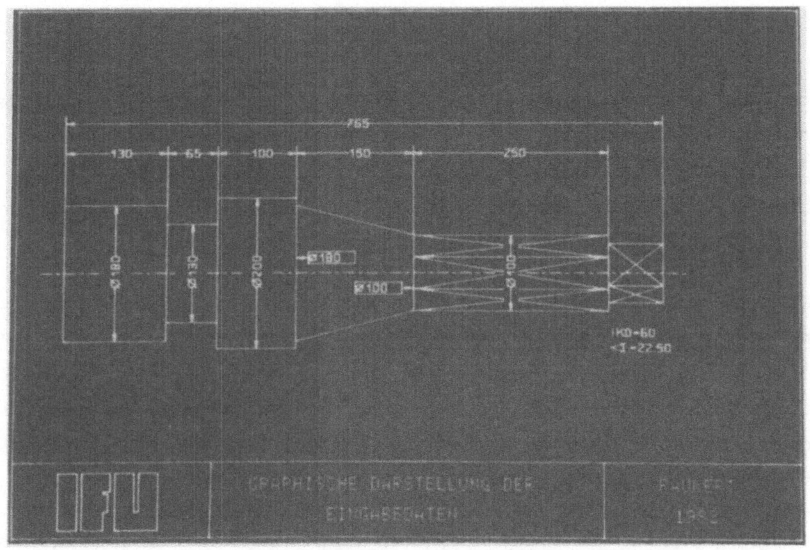

Bild 51: Graphische Ausgabe: angepaßte Werkstückdaten.

- Gleichzeitiges Bearbeiten möglichst vieler Formelemente bis
  zu einem Stadium, bei dem das Formelement mit dem jeweils
  größten Umkreisradius abgekoppelt und fertigbearbeitet wird.
  Der restliche - noch nicht fertigbearbeitete - Werkstückteil
  bildet eine Zwischenform für die nachfolgende Bearbeitung.

- Eine schrittweise Durchmesserreduzierung ist wegen des gün-
  stigeren Werkstoffflusses einer Umformung vorzuziehen, bei
  der zuviel Werkstoff auf einmal umgeformt wird.

- Der Umfang des Werkstückes soll wegen der anzustrebenden
  'homogenen' Verteilung mechanischer Eigenschaften im Werkstück möglichst gleichmäßig umgeformt werden.

Die letztgenannten Kriterien lassen sich über die Vorgabe des
maximalen Teilumformgrades φ_h ($\approx \varepsilon_h$) verwirklichen, der
zwischen 0,1 und 0,15 liegen soll. Zu kleine Umformgrade er-
höhen die Bearbeitungszeit unnötig, zu große Umformgrade füh-

ren zu einer ungleichmäßigen Umformung am Umfang des Werkstücks.

5.3 <u>Fertigungsdaten</u>

Vor Festlegung der Fertigungsdaten erfolgt die Bestimmung der
Rohteilgeometrie. Der Rohteildurchmesser wird durch das Formelement mit dem größten Umkreisdurchmesser vorgegeben. Die
Rohteillänge berechnet sich aus der Summe der auf den Rohteilquerschnitt bezogenen Einzelvolumina der Formelemente.

Nachdem,abhängig von der Fertigungsaufgabe, Bearbeitungsfolge
und Rohteilgeometrie festgelegt sind, erfolgt im 3. Programmbereich die Bestimmung der Fertigungsdaten, die die Maschinen-
funktionen beschreiben. Bild 52 zeigt den Rechnerausdruck der
Fertigungsdaten für eine zweiseitig fallende Welle, die sich
aus vier Zylinderelementen und einem Vierkant zusammensetzt.

Folgende Daten zur Steuerung der Radialumformmaschine lassen
sich unterscheiden:

- Werkzeugwechseldaten
- Einstelldaten
- Bearbeitungsdaten.

Das Programm ermittelt unter Zugrundelegung des vorgegebenen
Bißverhältnisses, der Werkstückgeometrie und der aktuellen
Werkzeugspeicherbelegung die jeweils zur Bearbeitung bestimm-
ter Formelemente bzw. Werkstückabschnitte geeigneten Werkzeuge.

Die Einstelldaten ermöglichen das 'Anfahren' der ersten Werk-
stück- bzw. Werkzeugposition bei Fertigungsbeginn und nach
Wenden des Werkstücks.

Mit Hilfe der Daten für die Grenzen des Längsvorschubs, der
Anzahl der ganzen Vorschübe, der Länge des letzten Vorschubs
und des Drehwinkels positioniert der Manipulator das Werkstück
im Arbeitsraum. Bei der Berechnung der letzten Vorschublänge,
die den Stofffluß an der Werkstückstirnfläche beeinflußt,
wird ein Mindestbißverhältnis beachtet, um den in Abschnitt
3.3.4.3 beschriebenen Kerneinzug zu vermeiden.

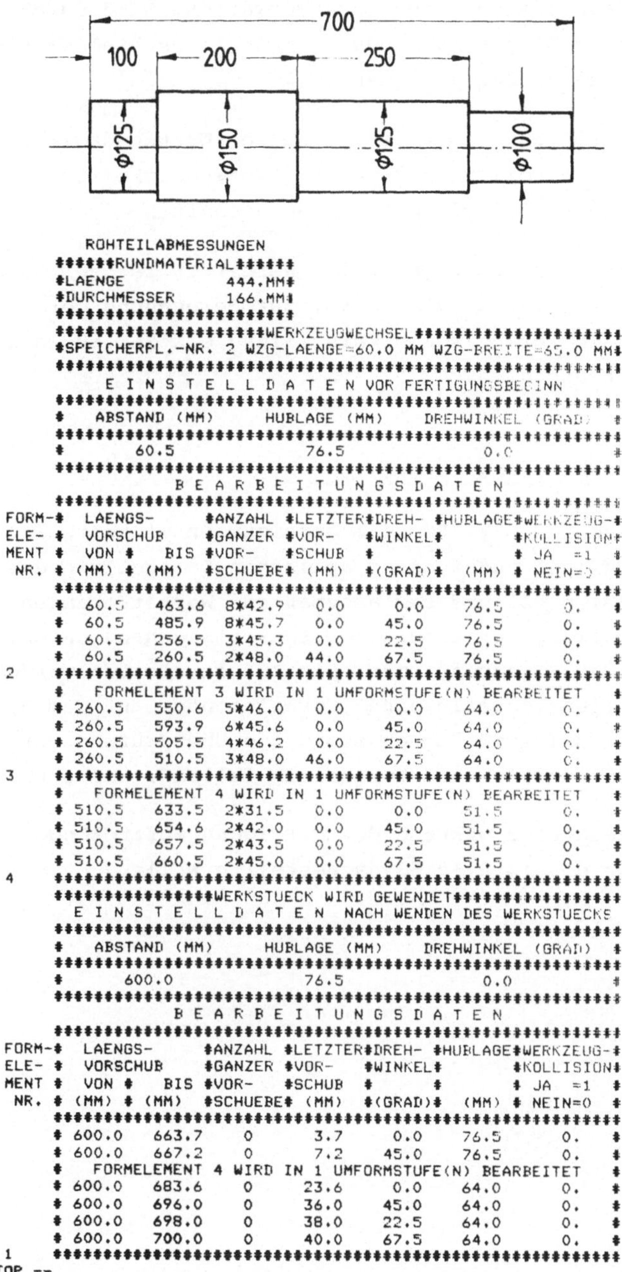


```
        ROHTEILABMESSUNGEN
     ######RUNDMATERIAL######
     #LAENGE             444.MM#
     #DURCHMESSER        166.MM#
     ###########################
     ########################WERKZEUGWECHSEL##########################
     #SPEICHERPL.-NR. 2 WZG-LAENGE=60.0 MM WZG-BREITE=65.0 MM#
     ################################################################
        E I N S T E L L D A T E N  VOR FERTIGUNGSBEGINN
     ################################################################
     #    ABSTAND (MM)       HUBLAGE (MM)       DREHWINKEL (GRAD)   #
     ################################################################
     #       60.5              76.5                 0.0            #
     ################################################################
                B E A R B E I T U N G S D A T E N
     ################################################################
FORM-#  LAENGS-        #ANZAHL #LETZTER#DREH-  #HUBLAGE#WERKZEUG-#
ELE- #  VORSCHUB       #GANZER #VOR-   #WINKEL#        #KOLLISION#
MENT #  VON #   BIS #VOR-   #SCHUB  #      #        # JA  =1   #
NR.  # (MM) # (MM) #SCHUEBE# (MM)  #(GRAD)#  (MM) # NEIN=0  #
     ################################################################
     #  60.5    463.6   8*42.9   0.0     0.0     76.5      0.   #
     #  60.5    485.9   8*45.7   0.0    45.0     76.5      0.   #
     #  60.5    256.5   3*45.3   0.0    22.5     76.5      0.   #
     #  60.5    260.5   2*48.0  44.0    67.5     76.5      0.   #
  2  ################################################################
     #  FORMELEMENT 3 WIRD IN 1 UMFORMSTUFE(N) BEARBEITET      #
     # 260.5    550.6   5*46.0   0.0     0.0     64.0      0.   #
     # 260.5    593.9   6*45.6   0.0    45.0     64.0      0.   #
     # 260.5    505.5   4*46.2   0.0    22.5     64.0      0.   #
     # 260.5    510.5   3*48.0  46.0    67.5     64.0      0.   #
  3  ################################################################
     #  FORMELEMENT 4 WIRD IN 1 UMFORMSTUFE(N) BEARBEITET      #
     # 510.5    633.5   2*31.5   0.0     0.0     51.5      0.   #
     # 510.5    654.6   2*42.0   0.0    45.0     51.5      0.   #
     # 510.5    657.5   2*43.5   0.0    22.5     51.5      0.   #
     # 510.5    660.5   2*45.0   0.0    67.5     51.5      0.   #
  4  ################################################################
     ################WERKSTUECK WIRD GEWENDET##################
        E I N S T E L L D A T E N  NACH WENDEN DES WERKSTUECKS
     ################################################################
     #    ABSTAND (MM)       HUBLAGE (MM)       DREHWINKEL (GRAD)   #
     ################################################################
     #      600.0              76.5                 0.0            #
     ################################################################
                B E A R B E I T U N G S D A T E N
     ################################################################
FORM-#  LAENGS-        #ANZAHL #LETZTER#DREH-  #HUBLAGE#WERKZEUG-#
ELE- #  VORSCHUB       #GANZER #VOR-   #WINKEL#        #KOLLISION#
MENT #  VON #   BIS #VOR-   #SCHUB  #      #        # JA  =1   #
NR.  # (MM) # (MM) #SCHUEBE# (MM)  #(GRAD)#  (MM) # NEIN=0  #
     ################################################################
     #  600.0    663.7    0     3.7     0.0     76.5      0.   #
     #  600.0    667.2    0     7.2    45.0     76.5      0.   #
     #  FORMELEMENT 4 WIRD IN 1 UMFORMSTUFE(N) BEARBEITET      #
     #  600.0    683.6    0    23.6     0.0     64.0      0.   #
     #  600.0    696.0    0    36.0    45.0     64.0      0.   #
     #  600.0    698.0    0    38.0    22.5     64.0      0.   #
     #  600.0    700.0    0    40.0    67.5     64.0      0.   #
  1  ################################################################
STOP --
```

Bild 52: Rechnerausdruck: Rohteilgeometrie, Fertigungsdaten.

Die Durchmesserreduzierung der Werkstücke wird durch entsprechende Hublagenänderungen der Arbeitsstößel erreicht, die
"gegen Festanschlag arbeiten".

Bei eventuell auftretender Gefahr von Werkzeugkollisionen sig-
nalisiert ein Kollisionsindex die Notwendigkeit,auf inter-
mittierenden 2/2-Stößelbetrieb umzuschalten.

Für das in Bild 50 dargestellte Werkstück ist zur Dateneinga-
be über das Bildschirmterminal, zur Berechnung der Fertigungsdaten und zur graphischen Darstellung ein Zeitaufwand von etwa
4 min. notwendig.

5.4   Graphische Darstellung

Die im Rahmen des 4. Programmbereichs entwickelte Plotsoft-
ware ermöglicht außer der graphischen Darstellung der Eingabedaten (Bild 50) und der'angepaßten' Werkstückdaten (Bild 51)
die Darstellung des Arbeitsfortschritts anhand nacheinander
auftretenden Zwischenformen. Die Zwischenformen werden nach
Fertigstellung jeweils eines Formelementes auf dem Bildschirm
abgebildet und ermöglichen somit die Überprüfung der Fertigungsdaten für ein- und zweiseitig fallende Werkstücke.

Bild 54 zeigt die während der Fertigung auftretende Zwischenformen für die in Bild 53 dargestellte Welle.

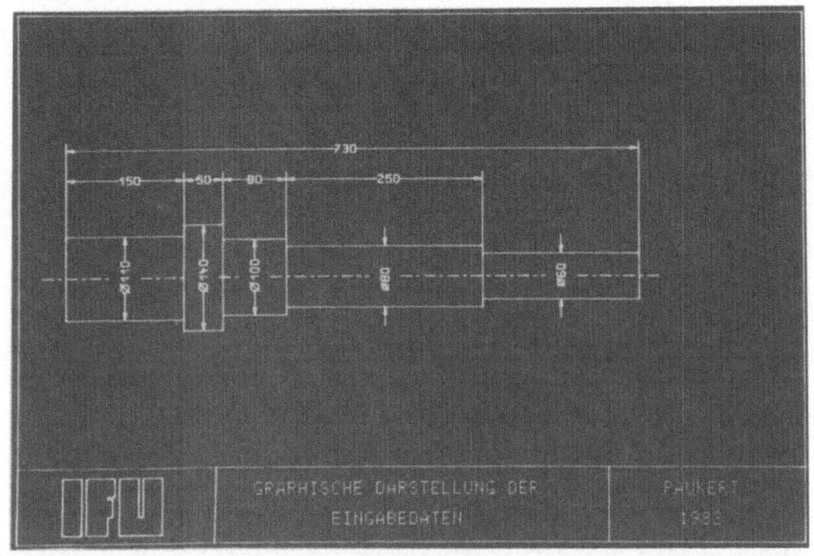

Bild 53: Graphische Ausgabe: Eingabedaten.

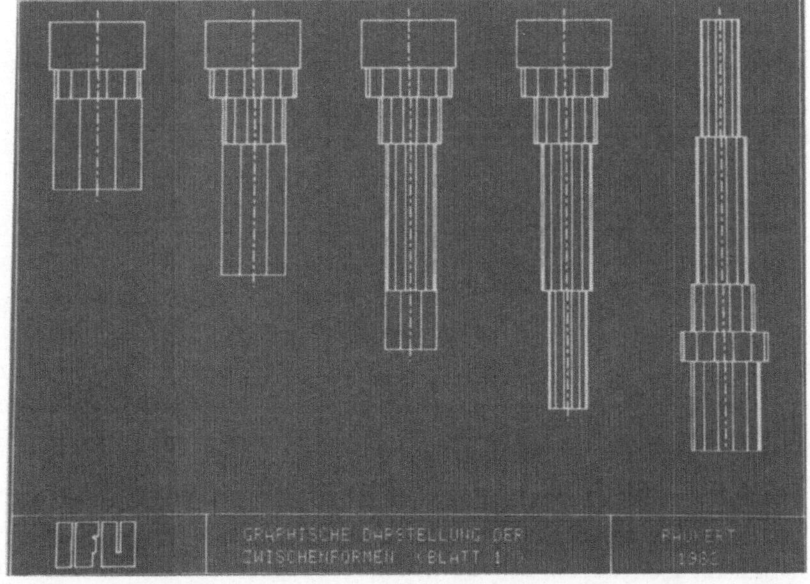

Bild 54: Graphische Ausgabe: Zwischenformen.

  <u>Aufbereitung der Ergebnisse für die praktische Anwendung</u>

Eine optimale Nutzung der Radialumformmaschine erfordert die rechnergestützte Arbeitsablaufplanung und Fertigungsdatenbestimmung.

Das Programmsystem PRORUM II ermöglicht in Verbindung mit einer CNC-Steuerung [8] und einem automatischen Werkzeugwechselsystem ein kurzfristiges 'Umrüsten' der Radialumformmaschine auf geänderte Fertigungsaufgaben.

Das dialogfähige System wurde so aufgebaut, daß seine Handhabung auch von nicht geschultem Bedienpersonal übernommen werden kann. Eingabefehler lassen sich anhand graphischer Darstellungen schnell erkennen und beseitigen.

Zur Erzielung guter Umformergebnisse und **zur Verfahrensopti**mierung **müssen die Einflüsse einzelner** Umformvorgänge auf den Stofffluß beim Radialumformen bekannt sein. Dazu wurden mit Hilfe verschiedener Methoden die wichtigsten Verfahrensparameter und Auswirkungen auf den Stofffluß beim Radialumformen bestimmt.

Die gewonnenen Erkenntnisse werden dem Programmsystem einerseits im Dialog direkt vom Bediener vorgegeben (z. B. Bißverhältnis), andererseits werden sie durch im Programm integrierte Algorithmen (z. B. Bearbeitungsfolge) berücksichtigt.

Die Verfahrensanalyse ergab, daß Bißverhältnis und (relative) Eindringtiefe den Radialumformvorgang entscheidend beeinflussen. Voraussetzung für eine möglichst gleichmäßige Verteilung der örtlichen Formänderungen - und damit der mechanischen Eigenschaften - im Werkstück ist, daß das Verhältnis von wirksamer sich im Eingriff befindender Werkzeuglänge zur Werkstückhöhe im Bereich von 40 bis 60 % liegt. Es empfiehlt sich, zur Berechnung der Fertigungsdaten ein Bißverhältnis $s_b = 0,5$ vorzugeben.

Die Werkzeuge weisen bei zu kleinen Bißverhältnissen eine zu geringe Tiefenwirkung auf, der Kern wird nicht plastifiziert.

Außerdem können Zugspannungen im Kernbereich entstehen.

Die Maxima der Vergleichsformänderungen unterhalb der Werkzeugradien lassen sich nicht vermeiden. Diese Größtwerte werden hauptsächlich durch die Scherwirkung beim Eindringen der Werkzeuge in den Werkstoff verursacht.

Eine insgesamt 'homogenere' Formänderungsverteilung im gesamten Werkstück läßt sich durch ein Versetzen der Werkzeuge beim 2. Durchlauf - dem Überschmieden - erreichen.

Weiterhin ist darauf zu achten, daß der Wirkhub am Werkstückende immer ein ausreichendes Bißverhältnis aufweist, um den Kerneinzug zu vermeiden.

Es ist darauf zu achten, daß der Teilumformgrad φ_h ($\approx \varepsilon_h$) einen bestimmten Bereich nicht über- bzw. unterschreitet. Zu klein vorgegebene Umformgrade bewirken, daß die Werkzeuge keine ausreichende Tiefenwirkung erzielen. Zu groß vorgegebene Umformgrade führen zu einer ungleichmäßigen Umformung am Werkstückumfang. Nach in der Verfahrensanalyse gewonnenen Erkenntnissen ist ein Teilumformgrad φ_h zwischen 0,1 und 0,15 zu empfehlen.

Zur Festlegung der Werkzeugabmessungen müssen einerseits Stoffflußergebnisse (Bißverhältnis), andererseits die Geometrie des zu fertigenden Teilespektrums zugrundegelegt werden.

Aufgrund großer Wirkflächen, relativ geringer Umformkräfte und ausschließlicher Druckbelastung der Werkzeuge ist kein Werkzeugversagen infolge Überbeanspruchung zu erwarten. Wegen des Druckbeanspruchungsmaximum und der großen Formänderungsgeschwindigkeiten ε_x unterhalb der Werkzeugradien ist in diesem Bereich mit dem größten Verschleiß zu rechnen, der allerdings nur bei der Warmumformung von hohen Stückzahlen einen gewissen Einfluß haben dürfte. Von geringerer Bedeutung ist der Einfluß der Werkzeugradien, solange diese so groß ausgeführt werden, daß ein Einschneiden der Werkzeuge in das Werkstück vermieden wird. In Anlehnung an das Freiformschmieden (z. B. [11]) ist ein Verhältnis Werkzeugradius zu Werkzeuglänge von 0,1 zu wählen, wobei R = 3 mm nicht unterschritten werden sollte.

Als Beitrag zur Integration von Umformverfahren in flexible
Fertigungssysteme wurde am Institut für Umformtechnik der Uni-
versität Stuttgart die CNC-gesteuerte Radialumformmaschine
RUMX 2000 konzipiert und verwirklicht.

Ziel dieser Arbeit war die Entwicklung des Programmsystems
PRORUM II, das mit einer Reihe geometrischer und technologischer Vorgaben den Fertigungsablauf auf dieser Maschine selbsttätig festlegt. Für den optimalen Einsatz dieses Programmsystems mußten umfangreiche Stoffflußuntersuchungen durchgeführt
werden, die den Hauptteil dieser Arbeit bilden.

Die rechnerische Ermittlung der Zustandsgrößen beim Radialumformen wurde mit Hilfe der Visioplasticity, der Methode der
Finiten Elemente und der elementaren Plastizitätstheorie durchgeführt.

Beim Radialumformen treten, wie bei nahezu allen Umformvorgängen, komplizierte dreidimensionale Formänderungs- und Span-
nungszustände auf. Für die analytische Behandlung des Problems
wurden im Werkstück Ebenen gesucht, in denen in einer Koordi-
natenrichtung keine bzw. für eine Näherungsbetrachtung nahezu
keine Werkstoffbewegung stattfindet. Unter Zugrundelegung eines
näherungsweise auftretenden ebenen Formänderungszustands wurde
in diesen Ebenen der Stofffluß untersucht.

Mit Hilfe der Visioplasticity, einem experimentell-theoreti-
schen Lösungsverfahren der Plastomechanik wurden Geschwindigkeitsfelder, Formänderungsgeschwindigkeiten und Vergleichsformänderungen während des instationär ablaufenden Umformvorgangs
ermittelt.
Anhand dieser Ergebnisse wurde der Einfluß des Bißverhältnisses,
der relativen Eindringtiefe, der Werkstückkontur und der Bearbeitungsfolge auf den Stofffluß beim Radialumformen bestimmt.

Mit der Methode der Finiten Elemente wurde außer dem Formän-
derungs- und Spannungszustand in bestimmten Werkstückschnitten
die Werkzeugbelastung beim Umformen eines Werkstücks mit Acht-

kantquerschnitt berechnet.

Die Kraftberechnung wurde auf der Grundlage der elementaren Plastizitätstheorie durchgeführt.
Diese Methode stützt sich auf eine stark vereinfachende Beschreibung der Kinematik des Umformvorgangs. Dazu wurden für verschiedene Radialumformvorgänge Beziehungen hergeleitet, mit denen sich die notwendigen Umformkräfte relativ einfach abschätzen lassen.

Versuche (z. B. Kraft- und Härtemessungen) bestätigen die mit den genannten Methoden analytisch ermittelten Ergebnisse.

Diese "Stoffflußergebnisse" werden dem Programmsystem PRORUM II einerseits im Dialogbetrieb direkt vom Bediener vorgegeben, andererseits werden sie durch im Programm integrierte Algorithmen berücksichtigt.

PRORUM II gliedert sich in vier Programmbereiche.

Der 1. Programmbereich dient zur Beschreibung der Fertigungsaufgabe.

Im 2. Programmbereich erfolgt die Anpassung der über Bildschirmterminal eingegebenen fertigungsbeschreibenden Eingabedaten an die technologischen Gegebenheiten der Radialumformmaschine und der aktuellen Werkzeugspeicherbelegung. Außerdem wird die Bearbeitungsreihenfolge festgelegt.

Im 3. Programmbereich werden die Rohteilgeometrie und Fertigungsdaten berechnet.
Mit Hilfe der Fertigungsdaten erfolgt die Werkzeugauswahl, die Einstellung der Maschine vor Fertigungsbeginn und die Bearbeitung des Werkstücks. Diese NC-Daten werden für ein Steuerprogramm jederzeit zugriffsbereich auf Permanentfiles geschrieben.

Für den 4. Bereich wurden Plotprogramme entwickelt, mit deren Hilfe u. a.die graphische Darstellung und Überprüfung der Eingabedaten und der Daten des 'angepaßten' Werkstücks möglich ist.

8   Tabellen, Bilder

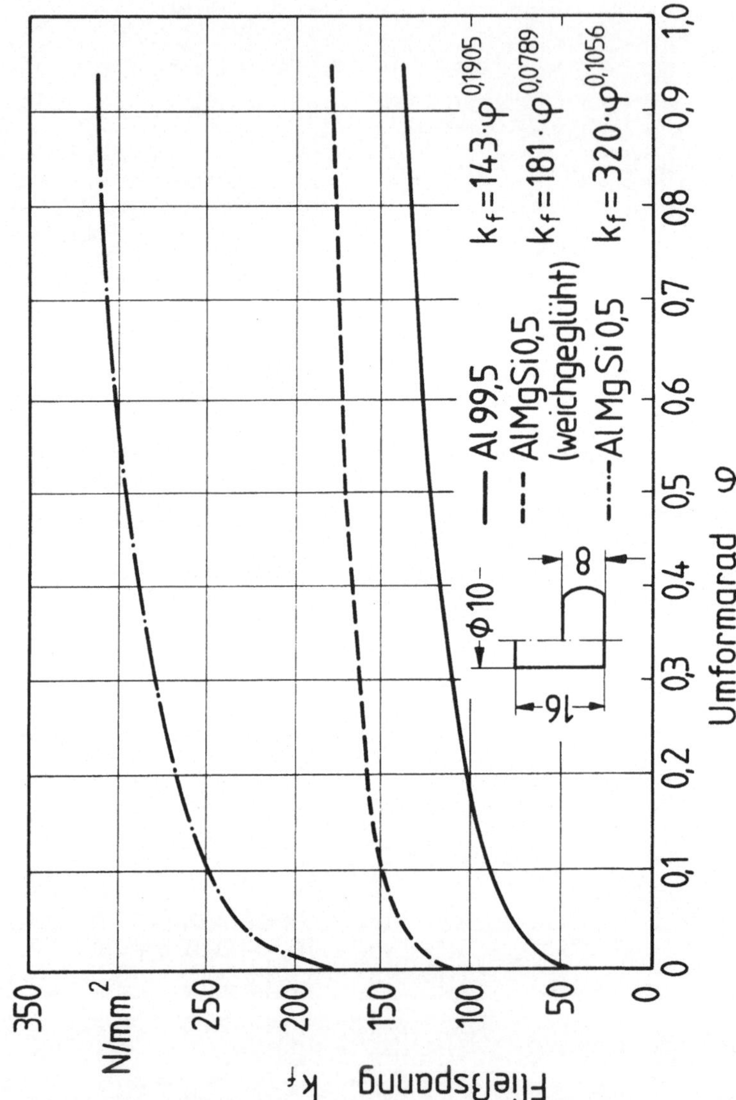

Bild A 1: Fließkurven.

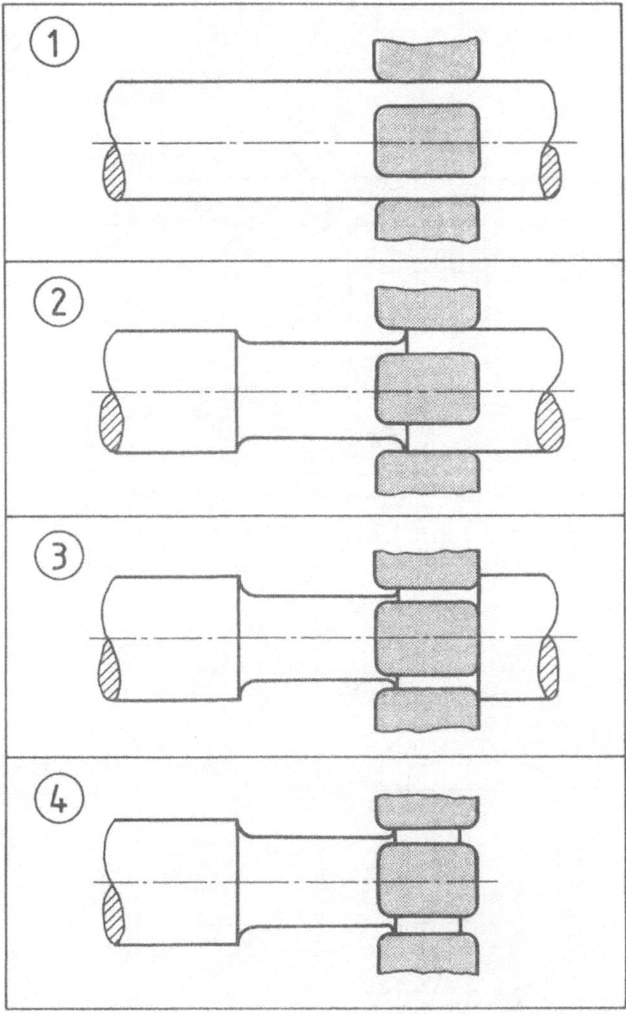

Bild A 2: Prinzipielle Darstellung der möglichen Werkstücklängsprofile beim Radialumformen.

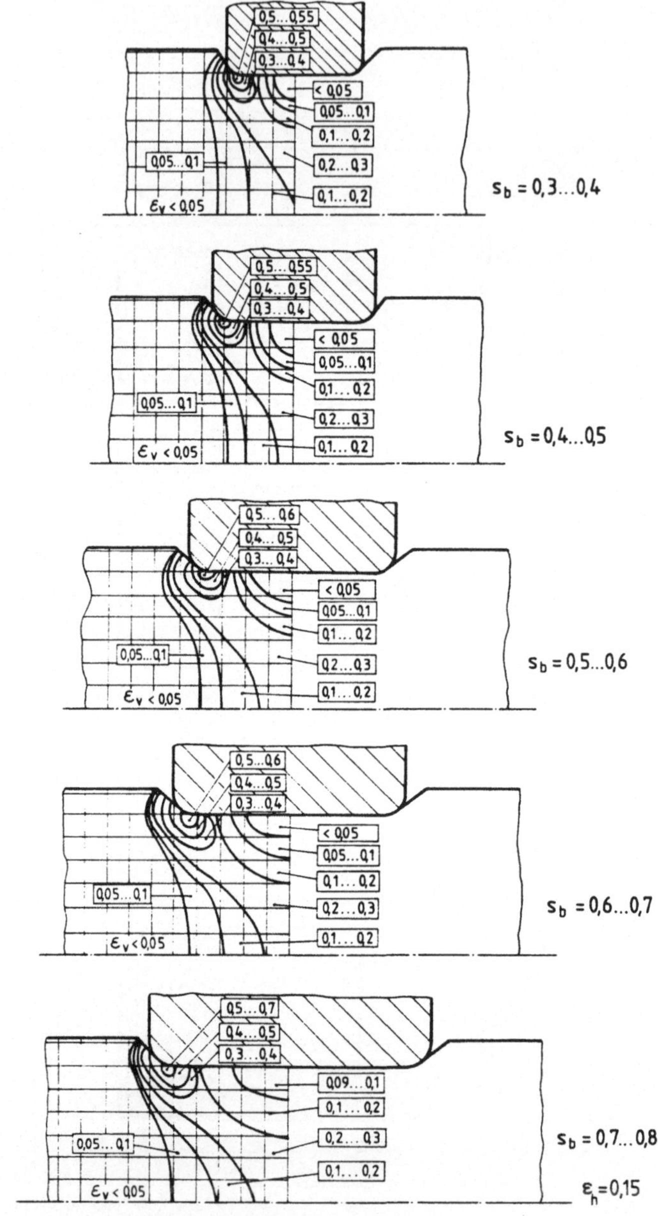

Bild A 3: Einfluß des Bißverhältnisses s_b auf die Verteilung der örtlichen Vergleichsformänderungen ε_v beim Radialumformen.

Tabelle A 1: Empfohlende Bißverhältnisse beim Freiformschmieden.

Autoren	l_w/H_0	Werkstoffe	Bemerkungen
COOK /15/	$\geq 0,5$	Plastilin, Stabstahl	bei $l_w/H_0 < 0,5$ Rißbildungsgefahr durch Längszugspannungen
FORSLUND /14/ RICHTER,LOTZE /16/ NEBE /17/	0,5 ... 0,7		theoretische Betrachtungen und Erfahrungswerte, Blei und Plastilin für qualitative Stoffflußbetrachtung geeignet
LIU CHAJ KUAN u.a. /18/	0,5 ... 0,7	Blei	bei $l_w/H_0 < 0,5$ inhomogene Makrostrukur und Minderung mechanischer Eigenschaften,Rißbildungsgefahr
WISTREICH,SHUTT /19/	$\geq 0,33$		theoretische Analyse
KOPP,AMBAUM /20/	0,65	Ck 45	Schliessen innerer Hohlstellen
KRONEIS,SAMLETZ /21/	0,33 ... 0,4	Stahl	Modellversuche mit schwer umformbaren (hochlegierten) Stählen
EBERLEIN /22/	$\approx 0,55$	Stahl	bei Baustählen,hoch- und niedriglegierten Stählen gute Durchschmiedung
HEIL /11/	0,35 ... 0,5	Ck 45	gute Durchschmiedung, Vermeidung von Innenrissen

<u>Schrifttum</u>

[1] Metzger, P.: Die numerisch gesteuerte Radialumformmaschine und ihr Einsatz im Rahmen flexibler Fertigungssysteme. Berichte aus dem Institut für Umformtechnik, Universität Stuttgart, Nr. 55. Berlin, Heidelberg, New York: Springer 1980.

[2] Dolezalek, C. M.: Die flexible Fertigungslinie und ihre Bedeutung für die Automatisierung der Serienfertigung. VDI-Zeitschrift 108 (1966), S. 1261 bis 1268.

[3] Kaiser, H.: Umformende Bearbeitung in flexiblen Fertigungssystemen. Berichte aus dem Institut für Umformtechnik, Universität Stuttgart, Nr. 44. Essen: Girardet 1977.

[4] Lange, K., Noller, H. u. Schmidt, V.: Contribution of Numerical Control (NC) to the Development of Metal Forming Processes. CIRP Annals 1982, Vol. 31/2/1982.

[5] Uhlig, A.: Untersuchung über die Bewegungen und Kräfte beim Rundkneten. Dr.-Ing.-Diss., TH Hannover, 1964.

[6] VDI-Richtlinie 3178: Kaltrundkneten massiver und rohrförmiger Werkstücke. VDI-Verlag GmbH, Düsseldorf 1966.

[7] Dostal, M.: Kostenoptimierter Einsatz der Radialumformmaschine in gemischten flexiblen Fertigungssystemen. Berichte aus dem Institut für Umformtechnik. Erscheint demnächst.

[8] Noller, H.: Numerische Steuerung einer flexiblen Bearbeitungseinheit zum Radialumformen. Berichte aus dem Institut für Umformtechnik. Erscheint demnächst.

[9] Stenzhorn, F.: Beitrag zur empirisch-theoretischen Vorausplanung des Freiformschmiedens großer Blöcke. Dissertation. RWTH-Aachen, 1982.

[10] Pawelski, O.: Theoretische Grundlagen des Freiformschmiedens. Stahl und Eisen 97 (1977), Nr. 4, S. 158 bis 163.

[11] Heil, H.-P.: Umformbedingungen und Gestaltung der Werkzeuge beim Freiformen. Dissertation, RWTH-Aachen, 1970.

[12] Kopp, R., Ambaum, E. u. Schultes, T.: Optimierung von Umformprozessen durch Verknüpfung empirischer und theoretischer Erkenntnisse am Beispiel des Freiformschmiedens. Stahl und Eisen 99 (1979), Nr. 10, S. 495 bis 503.

[13] Ambaum, E.: Untersuchungen über das Verhalten innerer Hohlstellen beim Freiformschmieden. Dissertation, RWTH Aachen, 1979.

[14] Forslund, O.: Die Entwicklung der Prozeßsteuerung bei Freiformschmiedeanlagen. Stahl und Eisen 100 (1980), Nr. 4, S. 168 bis 173.

[15] Cook, P. M.: Dependence of mechanical properties on local strain. Journal of The Iron and Steel Institute 179 (1955), S. 250 bis 252.

[16] Richter, G. u. Lotze, H.-G.: Zur Frage der Durchschmiedung bei der Herstellung großer Schmiedestücke. Neue Hütte 10 (1965), Nr. 1, S. 10 bis 13.

[17] Nebe, G.: Freiformen - Freiformschmieden. Stahl und Eisen 86 (1966), Nr. 21 und 22, S. 1428 bis 1431 und 1491 bis 1498.

[18] Lju Chaj-Kuan, Tarnovskij, I. J. u. Trubin, V. N.: Die Durchschmiedung von Metall beim Recken großer Schmiedestücke mit Flachsätteln. Kuznecno-stampovocnoe proizrodstov 2 (1960), Nr. 9, S. 1 bis 5 (Deutsche Vollübersetzung).

[19] Wistreich, J. G. u. Shutt, A.: Theoretical analysis of bloom and billet forging. Journal of The Iron and Steel Institute 193 (1959), Nr. 2, S. 163 bis 176.

[20] Kopp, R. u. Ambaum, E.: Verhalten von inneren Hohlstellen im Schmiedestück beim Freiformschmieden. Stahl und Eisen 96 (1976), Nr. 21, S. 1004 bis 1009.

[21] Kroneis, M. u. Samletz, Th.: Werkzeugformen zum Streck-
      schmieden von schwer verformbaren Stählen. Stahl und
      Eisen 83 (1963), Nr. 24, S. 1546 bis 1553.

[22] Eberlein, L.: Einfluß der Umformbedingungen auf den Werk-
      stofffluß beim Recken und Stauchen von Vierkantstahl
      unter einem Lufthammer. Neue Hütte 25 (1980), Nr. 2,
      S. 58 bis 63.

[23] Heil, H.-P. u. Schütza, A.: Einfluß von Sattelform und
      -abmessung auf die mechanischen Eigenschaften von Frei-
      formschmiedestücken. Archiv Eisenhüttenwesen 46 (1975),
      Nr. 3, S. 201 bis 208.

[24] Uhlig, A.: Umformarbeit und Werkzeugkräfte bei einem
      idealisierten Rundknetvorgang. Metall 19 (1965), Nr. 4,
      S. 322 bis 328.

[25] Uhlig, A.: Über die Maß- und Formgenauigkeit beim Rund-
      kneten von Außenformen. Werkstatt und Betrieb 100 (1967),
      Nr. 2, S. 91 bis 96.

[26] Gaucheron, M.: Die Vorteile der Umformung beim Rundkne-
      ten. TZ. f. prakt. Metallbearbeitung 63 (1969), Nr. 4,
      S. 181 bis 184.

[27] Beck, K.: Feinschmiede-Verfahren und Maschinen. Ferti-
      gungstechnik und Betrieb 13 (1963), Nr. 6, S. 351 bis
      356.

[28] Schmidt, W. u. Bialecki, H.: Feinschmieden. Fertigungs-
      technik und Betrieb 16 (1966), Nr. 2, S. 115 bis 119.

[29] Uhlig, A.: Näherungsweise Berechnung der Rundknetkraft
      aus der Fläche und dem mittleren Druck. Bänder, Bleche,
      Rohre 6 (1965), Nr. 4, S. 200 bis 206.

[30] Reuthe, W.: Der Arbeits- und Leistungsbedarf von Rund-
      knetmaschinen. Werkstattstechnik 53 (1963), Nr. 2 und 7,
      S. 69 bis 74 und 315 bis 324.

[31] Lahoti, G. D. u. Altan, T.: Analysis of the Radial For-
     ging Process for Manufacturing Rods and Tubes. Journal
     of Engineering for Industry (1976), Nr. 2, S. 265 bis
     271.

[32] Leutgöb, A.: Umformkennwerte beim Durchlauf- und Lang-
     schmieden. Archiv Eisenhüttenwesen 53 (1982), Nr. 1,
     S. 29 bis 34.

[33] Mäkelt, H.: Arbeitsweise und Leistung von Umlaufpressen.
     Werkstatttechnik und Maschinenbau 45 (1955), Nr. 8,
     S. 381 bis 383.

[34] Hill, R.: The mathematical theory of plasticity. Oxford:
     Clarendon Press 1950.

[35] Michler, K. W.: Betriebsmittel für wirtschaftliches
     Feinschmieden. Ingenieur Digest 7 (1968), Nr. 4, S. 71
     bis 74.

[36] Kopp, R. u. Tuke, K.-H.: Grundlagen und Verfahren der
     Hochumformung zur Erzeugung von Stabstahl. Stahl und
     Eisen 97 (1977), Nr. 16, S. 761 bis 765.

[37] Thomsen, E. G.: Visioplasticity. CIRP Annals 1963, Vol.
     12 /1963.

[38] Pehle, H. J.: Untersuchungen zu Grundlagen und Genauig-
     keit visioplastischer Berechnungen. Dissertation, RWTH
     Aachen, 1983.

[39] Wilhelm, H.: Untersuchungen über den Zusammenhang zwi-
     schen der Vickershärte und Vergleichsformänderung bei
     Kaltumformvorgängen. Berichte aus dem Institut für
     Umformtechnik, Universität Stuttgart, Nr. 9. Essen:
     Girardet 1969.

[40] Siebel, E.: Die Formgebung im bildsamen Zustande. Verlag
     Stahleisen m. b. H., Düsseldorf, 1932.

[41] Zalesskij, V. I., Cibanova, M. S. u. Kolzov, J. I.:
      Das Profil der Recksättel für das Schmieden von schwer
      umformbaren Legierungen unter hydraulischen Pressen
      (russ.). Kuznecno-stampovocnoe proizvodstov 6 (1964),
      Nr. 5, S. 1 bis 3.

[42] Lange, K.: Lehrbuch der Umformtechnik, Band 2 Massivum-
      formung. Berlin, Heidelberg, New York: Springer 1974.

[43] Zienkiewicz, D. V.: The Finite Element Method in Enig-
      neering Science. Third Edition. London: Mc Graw-Hill,
      1977.

[44] Argyris, J. H. u. a.: Die elastoplastische Berechnung von
      allgemeinen Tragwerken und Kontinua. Ingenieur-Archiv
      37 (1969), Nr. 5, S. 326 bis 352.

[45] Dieterle, K.: Verfahrensgrenzen beim Hohlkörperstauchen.
      Berichte aus dem Institut für Umformtechnik, Universi-
      tät Stuttgart, Nr. 30, Essen: Girardet 1975.

[46] Lee, C. H. u. Kobayashi, S.: Analysis of axisymetric
      upsetting and plane-strain-side-pressing of solid cylin-
      ders by the Finite Element Method. Trans. ASME, Vol. 93,
      S. 445 bis 454.

[47] Roll, K.: Einsatz numerischer Näherungsverfahren bei
      der Berechnung von Verfahren der Kaltmassivumformung.
      Berichte aus dem Institut für Umformtechnik, Universität
      Stuttgart. Berlin, Heidelberg, New York: Springer 1982.

[48] Buck, K. E. u. a.: Finite Elemente in der Statik. Berlin,
      München, Düsseldorf: Verlag W. Ernst, 1973.

[49] Gallagher, R. H.: Finite-Element-Analysis. Berlin, Hei-
      delberg, New York: Springer, 1976.

[50] Herrmann, M.: Untersuchung verschiedener Verfahrenspa-
      rameter beim Radialumformen mit Hilfe der Methode der
      Finiten Elemente (FEM). Diplomarbeit am Institut für
      Umformtechnik (unveröffentlicht), Universität Stuttgart,
      1983.

[51] Anke, F. u. Vater, M.: Einführung in die technische
      Verformungskunde. Verlag Stahleisen m.b.H., Düsseldorf,
      1974.

[52] Storoschew, M. W. u. Popov, E. A.: Grundlagen der Umform-
      technik. Berlin: VEB-Verlag, 1968.

[53] Siebel, E.: Grundlagen und Begriffe der Bildsamen Form-
      gebung. Werkstattstechnik und Maschinenbau 40 (1950),
      Nr. 11, S. 373 bis 380.

[54] Geiger, M. u. Geiger, R.: Elementare Plastizitätstheorie.
      Industrie-Anzeiger 95 (1973), Nr. 20, S. 385 bis 389.

[55] Lippmann, H.: Die elementare Plastizitätstheorie der
      Umformtechnik. Bänder, Bleche, Rohre (1962), S. 374
      bis 383.

[56] Gelelji, A.: Bildsame Formung der Metalle in Rechnung
      und Versuch. Akademie-Verlag, Berlin, 1960.

Die Berichte 1 bis 50 sind zu beziehen durch das Institut für Umformtechnik, Holzgartenstr. 17, 7000 Stuttgart 1

Die Berichte 51 und folgende sind zu beziehen durch den Springer-Verlag, Berlin Heidelberg New York Tokyo

Die Berichte 51 und folgende sind zu beziehen durch den Springer-Verlag, Berlin Heidelberg New York Tokyo